AF894044

Daniel Maier

On the Use of Model Order Reduction Techniques for the Elastohydrodynamic Contact Problem

Karlsruher Institut für Technologie
Schriftenreihe des Instituts für Technische Mechanik

Band 27

Eine Übersicht aller bisher in dieser Schriftenreihe erschienenen Bände finden Sie am Ende des Buchs.

On the Use of Model Order Reduction Techniques for the Elastohydrodynamic Contact Problem

by
Daniel Maier

KIT Scientific Publishing

Dissertation, Karlsruher Institut für Technologie (KIT)
Fakultät für Maschinenbau
Tag der mündlichen Prüfung: 6. Februar 2015

Impressum

KIT Scientific Publishing

Karlsruher Institut für Technologie (KIT)
KIT Scientific Publishing
Straße am Forum 2
D-76131 Karlsruhe

KIT Scientific Publishing is a registered trademark of Karlsruhe Institute of Technology. Reprint using the book cover is not allowed.

www.ksp.kit.edu

This document – excluding the cover – is licensed under the Creative Commons Attribution-Share Alike 3.0 DE License (CC BY-SA 3.0 DE): http://creativecommons.org/licenses/by-sa/3.0/de/

The cover page is licensed under the Creative Commons Attribution-No Derivatives 3.0 DE License (CC BY-ND 3.0 DE): http://creativecommons.org/licenses/by-nd/3.0/de/

Print on Demand 2015

ISSN 1614-3914
ISBN 978-3-7315-0369-9
DOI 10.5445/KSP/1000046871

On the Use of Model Order Reduction Techniques for the Elastohydrodynamic Contact Problem

Zur Erlangung des akademischen Grades

Doktor der Ingenieurwissenschaften

der Fakultät für Maschinenbau
Karlsruher Institut für Technologie (KIT)

genehmigte
Dissertation

von

Dipl.-Ing. Daniel Maier
aus Karlsruhe

Tag der mündlichen Prüfung:	6. Februar 2015
Hauptreferent:	Prof. Dr.-Ing. Wolfgang Seemann
Korreferent:	Prof. Francisco Chinesta

N° d'ordre 2015-ISAL-0010 2015

Thèse

On the Use of Model Order Reduction Techniques for the Elastohydrodynamic Contact Problem

Présentée devant
L'Institut National des Sciences Appliquées de Lyon
et le
Karlsruher Institut für Technologie (KIT)

Pour obtenir
Le grade de Docteur

Formation doctorale : Mécanique
Ecole doctorale : Mécanique, Energétique, Génie civil, Acoustique
(MEGA)

par
Daniel MAIER
(Ingénieur)

Soutenance le 6 fevrier 2015 devant la commission d'examen

Jury

Rapporteur	F. Chinesta	Professeur (Ecole Centrale de Nantes)
Examinateur	M. Gabi	Professeur (Karlsruher Institut für Technologie)
Directeur	P. Vergne	Directeur de recherche (CNRS - INSA de Lyon)
Rapporteur	W. Seemann	Professeur (Karlsruher Institut für Technologie)
Examinateur	H. Hetzler	Professeur (Universität Kassel)
Examinateur	D. Dureisseix	Professeur (CNRS - INSA de Lyon)
Examinateur	N. Fillot	Maître de Conférences, HdR (INSA de Lyon)

Laboratoire de recherche :
Laboratoire de Mécanique des Contacts et des Structures
(LaMCoS, INSA de Lyon, CNRS UMR5259)

SIGLE	ECOLE DOCTORALE	NOM ET COORDONNEES DU RESPONSABLE
CHIMIE	**CHIMIE DE LYON** **http://www.edchimie-lyon.fr** Sec : Renée EL MELHEM Bat Blaise Pascal 3e etage 04 72 43 80 46 Insa : R. GOURDON secretariat@edchimie-lyon.fr	M. Jean Marc LANCELIN Université de Lyon – Collège Doctoral Bât ESCPE 43 bd du 11 novembre 1918 69622 VILLEURBANNE Cedex Tél : 04.72.43 13 95 directeur@edchimie-lyon.fr
E.E.A.	**ELECTRONIQUE, ELECTROTECHNIQUE, AUTOMATIQUE** **http://edeea.ec-lyon.fr** Sec : M.C. HAVGOUDOUKIAN eea@ec-lyon.fr	M. Gérard SCORLETTI Ecole Centrale de Lyon 36 avenue Guy de Collongue 69134 ECULLY Tél : 04.72.18 60.97 Fax : 04 78 43 37 17 Gerard.scorletti@ec-lyon.fr
E2M2	**EVOLUTION, ECOSYSTEME, MICROBIOLOGIE, MODELISATION** **http://e2m2.universite-lyon.fr** Sec : Safia AIT CHALAL Bat Atrium- UCB Lyon 1 04.72.44.83.62 Insa : S. REVERCHON Safia.ait-chalal@univ-lyon1.fr	Mme Gudrun BORNETTE CNRS UMR 5023 LEHNA Université Claude Bernard Lyon 1 Bât Forel 43 bd du 11 novembre 1918 69622 VILLEURBANNE Cédex Tél : 06.07.53.89.13 e2m2@ univ-lyon1.fr
EDISS	**INTERDISCIPLINAIRE SCIENCES-SANTE** **http://www.ediss-lyon.fr** Sec : Safia AIT CHALAL Bat Atrium – UCB Lyon 1 04 72 44 83 62 Insa : Safia.ait-chalal@univ-lyon1.fr	Mme Emmanuelle CANET-SOULAS INSERM U1060, CarMeN lab, Univ. Lyon 1 Bâtiment IMBL 11 avenue Jean Capelle INSA de Lyon 696621 Villeurbanne Tél : 04.72.68.49.09 Fax :04 72 68 49 16 Emmanuelle.canet@univ-lyon1.fr
INFOMATHS	**INFORMATIQUE ET MATHEMATIQUES** **http://infomaths.univ-lyon1.fr** Sec :Renée EL MELHEM Bat Blaise Pascal 3e etage infomaths@univ-lyon1.fr	Mme Sylvie CALABRETTO LIRIS – INSA de Lyon Bat Blaise Pascal 7 avenue Jean Capelle 69622 VILLEURBANNE Cedex Tél : 04.72. 43. 80. 46 Fax 04 72 43 16 87 Sylvie.calabretto@insa-lyon.fr
Matériaux	**MATERIAUX DE LYON** **http://ed34.universite-lyon.fr** Sec : M. LABOUNE PM : 71.70 –Fax : 87.12 Bat. Saint Exupéry Ed.materiaux@insa-lyon.fr	M. Jean-Yves BUFFIERE INSA de Lyon MATEIS Bâtiment Saint Exupéry 7 avenue Jean Capelle 69621 VILLEURBANNE Cedex Tél : 04.72.43 71.70 Fax 04 72 43 85 28 Ed.materiaux@insa-lyon.fr
MEGA	**MECANIQUE, ENERGETIQUE, GENIE CIVIL, ACOUSTIQUE** http://edmega.universite-lyon.fr/ Sec : M. LABOUNE PM : 71.70 –Fax : 87.12 Bat. Saint Exupéry mega@insa-lyon.fr	M. Philippe BOISSE INSA de Lyon Laboratoire LAMCOS Bâtiment Jacquard 25 bis avenue Jean Capelle 69621 VILLEURBANNE Cedex Tél : 04.72 .43.71.70 Fax : 04 72 43 72 37 Philippe.boisse@insa-lyon.fr
ScSo	**ScSo*** **http://recherche.univ-lyon2.fr/scso/** Sec : Viviane POLSINELLI Brigitte DUBOIS Insa : J.Y. TOUSSAINT viviane.polsinelli@univ-lyon2.fr	Mme Isabelle VON BUELTZINGLOEWEN Université Lyon 2 86 rue Pasteur 69365 LYON Cedex 07 Tél : 04.78.77.23.86 Fax : 04.37.28.04.48 isavonb@gmail.com

*ScSo : Histoire, Géographie, Aménagement, Urbanisme, Archéologie, Science politique, Sociologie, Anthropologie

Acknowledgments

The present work was generated during my stay at the department for contact dynamics and tribology at the corporate research center of the Robert Bosch GmbH in Gerlingen-Schillerhöhe.

First of all, I would like to express my kind gratitude to Prof. Dr.-Ing. Wolfgang Seemann for the adoption of the doctoral advisory, the numerous helpful advices and last but not least for inspiring me with the subject of engineering dynamics through various lectures. Furthermore, I want to thank Prof. Francisco Chinesta for taking over the position as a second reviewer.

Outstanding thanks go to Pr. David Dureisseix, Dr. Philippe Vergne and Dr. Nicolas Fillot for the supervision of this work, the very helpful advices, fruitful discussions and for their great hospitality. They lead me to a deeper understanding in the area of EHL and its computation.

I also wish to thank Prof. Dr.-Ing. Harmut Hetzler for his excellent supervision. His great comments and suggestions have always pushed my understanding to a higher level. Moreover, I stongly appreciate his trust and encouragement whilst the study and beyond that.

Furthermore, I deeply want to thank Dr. rer. nat. Corinna Hager for the excellent supervision of my work at Bosch. Her advices in general and especially on the subject of mathematics were of immense value. Despite numerous other duties and responsibilities, she always found some time for answering questions and giving advice.

I would like to thank Prof. Dr.-Ing. habil. Alexander Fidlin for the profound questions and remarks. Special thanks go to Dr.-Ing. Rudy Eid. His expertise in the field of model order reduction helped me to keep the right direction.

I am grateful to the whole working group at Bosch for the innumerable scientific and non-scienctific conversations and for their support in general. In particular, I wish to thank Dipl.-Ing. Jan Henrik Schmidt for the various interesting and helpful discussions.

Finally, I want to thank my parents without their absolute support I would have never come so far.

Abstract

In today's product development process, fast and exact simulation models of complex physical problems gain in significance. The same holds for the elastohydrodynamic (EHD) contact problem. Thus, the objective of this work is to generate a compact model for the EHD contact problem by the application of model order reduction. Thereto, the EHD contact problem, consisting of the nonlinear Reynolds equation, the linear elasticity equation and the load balance, is solved as a monolithic system of equations using Newton's method. The reduction takes place by projection onto a low-dimensional subspace, which is based on solutions of the full system. Moreover, a so-called system approximation is executed at which the reduced system matrices are substituted by less complex surrogates. For the stationary EHD contact problem, an algorithm for the automated generation of the compact model is presented. This algorithm provides fast and numerically stable reduced systems on a given parameter range. Additionally, the reduced Newton method is extended to the consideration of Non-Newtonian fluids whereat highly accurate results are obtained requiring a very low computational time. Furthermore, a new formulation for the transient EHD contact problem is introduced, at which the computational area is adapted to the current contact size. This kind of morphing enables efficient reduced models in particular for excitations of large amplitude. Besides of the reduced Newton-method with system approximation, the method Trajectory Piecewise Linear (TPWL) is applied to the transient EHD contact problem. Here, further speed-up potential arises. Despite a distinctly lower computational time, the reduced model is in very good accordance with the full system.

Kurzfassung

Im heutigen Produktentwicklungsprozess nehmen schnelle und exakte Simulationsmodelle komplexer physikalischer Probleme eine zunehmend wichtige Rolle ein. Dies gilt auch für das elastohydrodynamische (EHD) Kontaktproblem. Ziel dieser Arbeit ist es daher ein Kompaktmodell für das EHD-Kontaktproblem durch Einsatz von Modellordnungsreduktion zu generieren. Dazu wird das EHD-Kontaktproblem, bestehend aus der nichtlinearen Reynoldsgleichung, der linearen Elastizitätsgleichung und dem Kräftegleichgewicht, als ein Gleichungssystem mit dem Newton-Verfahren gelöst. Die Reduktion erfolgt durch Projektion auf einen niedrigdimensionalen Unterraum, welcher auf Lösungen des vollen Systems basiert. Außerdem wird eine sogennate Systemapproximation durchgeführt, bei welcher die reduzierten Systemmatrizen durch einfacher zu berechnende Substituenten approximiert werden. Für das stationäre EHD-Kontaktproblem wird ein Algorithmus zur automatisierten Kompaktmodellgenerierung vorgestellt. Der Algorithmus liefert stabile und schnelle reduzierte Modelle auf vorzugebenden Parameterbereichen. Zusätzlich wird die reduzierte Newton-Methode für nicht-Newtonsche Fluide erweitert, dessen Modelle wiederum mit genauen Ergebnissen bei sehr kleinen Rechenzeiten aufwarten. Des Weiteren wird für das transiente EHD-Kontaktproblem eine neue Formulierung eingeführt, bei der das Berechnungsgebiet auf die aktuelle Kontaktgröße angepasst wird. Dies ermöglicht effizientere reduzierte Modelle insbesondere für Anregungen mit großer Amplitude. Neben der reduzierten Newton-Methode mit Systemapproximation wird die Methode Trajectory-Piecewise-Linear (TPWL) auf das transiente EHD-Kontaktproblem angewandt. Hierbei ergibt sich weiteres Potential zur Rechenzeitbeschleunigung. Das reduzierte Modell stimmt bei deutlich geringerer Rechenzeit sehr gut mit der vollen Lösung überein.

Résumé

Des simulations numériques rapides et précises du contact élastohydrodynamique (EHD) sont recherchées pour aider au développement de produits. L'objectif de cette thèse est de proposer un modèle compact pour le problème du contact EHD en appliquant des méthodes de réduction de modèle. Dans ce but l'équation de Reynolds (non-linéaire), l'équation d'élasticité (linéaire) et l'équilibre de la charge, sont résolus dans un système d'équations unique par la méthode de Newton. La réduction s'effectue par projection sur un sous espace de faible dimension, qui repose sur des solutions du système complet. De plus, une approximation du système est effectuée, dans laquelle les matrices du système réduit sont approximées. Pour le problème du contact EHD stationnaire, un algorithme de génération automatique des modèles compacts est présenté. L'algorithme fournit des modèles réduits stables et rapides sur une région de paramètres définies. La méthode de Newton réduite est également étendue aux fluides non-newtoniens. Les résultats du modèle réduit sont en très bon accord avec ceux du système complet, malgré un temps de calcul clairement plus petit. Par ailleurs, une nouvelle formulation pour le problème de contact EHD transitoire est introduite, dans laquelle la région de calcul est adaptée à la taille du contact. Ceci permet d'obtenir des modèles réduits efficaces, en particulier pour des excitations à grandes amplitudes. Alternativement, la méthode "Trajectory-Piecewise-Linear" (TPWL) est appliquée au problème du contact EHD transitoire. Cette méthode permet une accélération du calcul conséquente.

Contents

Zusammenfassung

Einleitung

Die Tendenz heutiger Maschinenteile geht in Richtung kleinerer und leichterer Gestaltung, dennoch bleiben die Leistungsanforderungen gleich oder steigen sogar an. Als Folge davon nähern sich die Maschinenelemente ihrer Belastungsgrenze immer weiter an. Hinzu kommt, dass die Frage der Energieeffizienz in ihrer Bedeutung steigt und damit steigt auch die Bedeutung einer sauberen Schmierung zur Verringerung der Reibungsverluste. Folglich ist ein genaues Verständnis der hochbelasteten geschmierten Kontakte von zunehmendem Interesse, um eine hohe Zuverlässigkeit und Lebensdauer für eine große Bandbreite mechanischer Systeme sicherzustellen. Diese können z. B. Lager, Zahnräder oder Rolle-Nocken-Kontakte sein. Dabei spielt die numerische Simulation des physikalischen Verhaltens zur Unterstützung experimenteller Methoden eine entscheidende Rolle im heutigen Produktentwicklungsprozess. Moderne Simulationstechniken beinhalten unter anderem umfangreiche Parameterstudien, Mehrzieloptimierung und das Einbinden schneller Subroutinen in kommerzielle Simulationssoftware. All diese Methoden benötigen einen schnellen und zugleich genauen Löser des jeweiligen physikalischen Problems. Im Falle der Elastohydrodynamik hat man derzeit die Einschränkung, dass entweder ein genauer aber rechenintensiver oder ein schneller aber stark vereinfachter Löser vorliegt. Die Kernidee dieser Arbeit ist es, einen sowohl schnellen als auch präzisen Löser für typische hochbelastete EHD-Kontakte durch Anwendung von Modellordnungsreduktion zu erhalten.

Modellierung

Dieses Kapitel stellt die theoretischen Grundlagen der Elastohydrodynamik und der Modellordnungsreduktion für Kapitel 2.3 zur Verfügung. Im weiteren Verlauf wird auf das generelle Reduktionsverfahren des EHD-Kontaktproblems eingegangen.

Elastohydrodynamik

Eine klassische tribologische Einordnung von Kontakten charakterisiert das Reibungsverhalten und unterscheidet zwischen Grenzreibung, Mischreibung und hydrodynamischer Reibung. Die vorliegende Arbeit befasst sich mit letzterem Gebiet. Während beim Grenzreibungsgebiet im Wesentlichen kein Schmierfilm vorhanden ist, baut sich dieser im Mischreibungsgebiet langsam auf und ist schließlich im elastohydrodynamischen Reibungsgebiet vollständig ausgebildet. Der Verlauf des Reibwertes in diesen drei Gebieten wird über die sogenannte Stribeck-Kurve [103] skizziert. Wie in Abbildung 0.1 dargestellt steigt der Reibwert, nach der Abnahme im Mischreibungsgebiet, im hydrodynamischen Gebiet mit zunehmender Relativgeschwindigkeit, abnehmender Kraft und zunehmender Viskosität wieder langsam an.

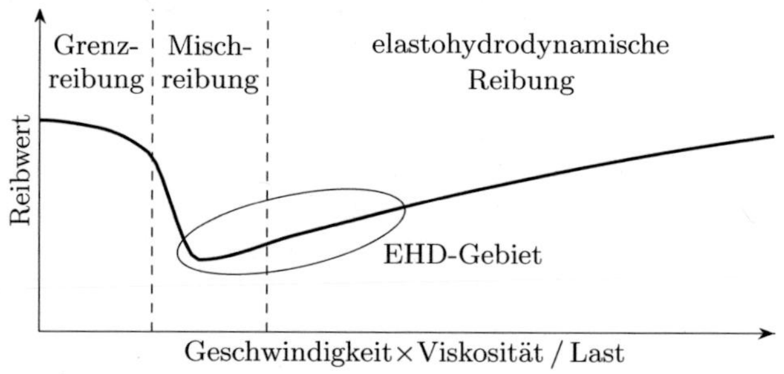

Abbildung 0.1.: Stribeck-Kurve

Eine weitere Einteilung kann hinsichtlich der Kontaktgeometrie vorgenommen werden. Hierbei unterscheidet man zwischen konformen und nicht-konformen Kontakten. Beim nicht-konformen Kontakt kann die Verformung im Gegensatz zum konformen nicht vernachlässigt werden. Liegt ein geschmierter Kontakt vor, so spricht man vom elastohydrodynamischen (EHD) bzw. hydrodynamischen Kontakt. Abbildung 0.2 veranschaulicht die Änderung typischer Druck- und Filmdickenprofile vom niedrig belasteten in den hochbelasteten Bereich. Für hohe Belastungen gleicht sich die Lösung des elastohydrodynamischen Kontaktproblems zunehmend der des trockenen Hertz-Kontaktes [61] an. Insbesondere für hochbelastete Kontakte weisen die EHD-Lösungen folglich eine große Ähnlichkeit zueinander auf. Hierin motiviert sich der Ansatz der projektionsbasierten Modellordnungsreduktion auf das EHD-Kontaktproblem.

Das EHD-Kontaktproblem setzt sich aus drei Gleichungen zusammen: der nichtlinearen Reynolds-Gleichung zur Berechnung der Druckverteilung im Kontaktspalt, der Elastizitätsgleichung zur Berechnung der Verformung der beiden in Kontakt stehenden Körper und schließlich das Kräftegleichgewicht zur Bestimmung der

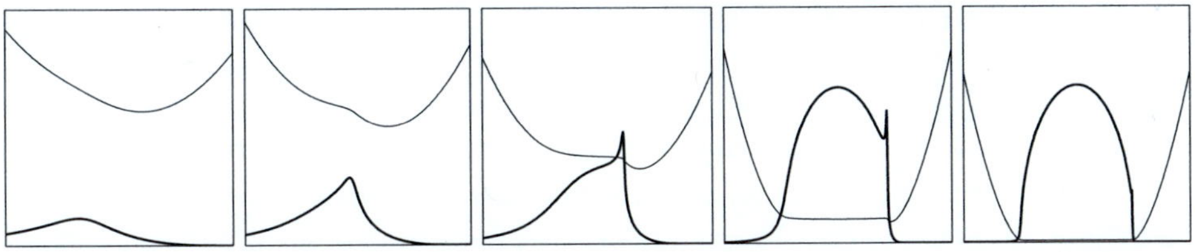

Abbildung 0.2.: Durchlauf durch das elastohydrodynamische Gebiet vom Grenzfall des hydrodynamischen Kontaktes (links) bis zum Grenzfall des trockenen Hertz Kontaktes (rechts). Die dünne Linie stellt den Filmdickenverlauf dar, die fettgedruckte den Fluiddruck.

Position der beiden Körper zueinander. Zunächst wird das Problem entdimensioniert. Die Entdimensionierung führt zu einer geringeren Anzahl an Parametern und einer besseren Konditionierung des Problems. Die Reynoldsgleichung hat die Form eines Randwertproblems und wird über finite Differenzen diskretisiert. Im Rahmen dieser Arbeit wird die Elastizit der Kontaktkörper über die Halbraum-Theorie beschrieben. Sie ist demnach, ähnlich zum Kräftegleichgewicht, in integraler Form gegeben. Die Diskretisierung dieser beiden Gleichungen erfolgt durch numerische Integration unter Verwendung der Mittelpunktsregel.

Des Weiteren beinhaltet das EHD-Kontaktproblem ein weiteres physikalisches Phänomen: Im Auslaufgebiet des Kontaktes kommt es zum Aufreißen des Schmierfilms. Da die Reynoldsgleichung zunächst von einem stets vollständig mit Fluid gefüllten Spalt ausgeht, kompensiert sie diesen physikalischen Effekt durch die fälschliche Vorhersage negativer Drücke. Um dieses Phänomen in der Problembeschreibung zu berücksichtigen, wird als zusätzliche Ungleichungsnebenbedingung die sogenannte Kavitationsbedingung eingeführt: diese besagt, dass keine negativen Drücke auftreten dürfen. Die Behandlung dieser Ungleichungsnebenbedingung erfolgt im Rahmen dieser Arbeit durch Regularisierung der Ungleichungsnebenbedingung durch die sogenannte Penalty-Methode [121]. Diese Methodik hat den Vorteil einfach implementierbar zu sein, dafür wird die Ungleichungsnebenbedingung nicht exakt erfüllt.

Die Lösung des diskretisierten, entdimensionierten Problems erfolgt über einen monolithischen Ansatz, der Formulierung als ein Gleichungssystem und anschließender Anwendung des Newton-Verfahrens.

Schließlich werden die Ergebnisse der vorliegenden Methode für das stationäre und transiente EHD-Linienkontaktproblem sowie für das stationäre EHD-Punktkontaktproblem mit Ergebnissen aus der Literatur verglichen. Alle Ergebnisse weisen hierbei eine sehr gute Übereinstimmung zueinander auf.

Modellordnungsreduktion

Im weiteren Verlauf werden die Methoden der Modellordnungsreduktion (MOR) erläutert, welche im Rahmen der Arbeit von Interesse sind. Die grundlegende Idee hinter MOR ist es, ein häufig zu berechnendes Lösungsschema eines Systems in eine Offline- und eine Online-Phase aufzuteilen. Dabei beinhaltet die Offline-Phase die Generierung eines Kompaktmodells, welches eine schnelle und dennoch ausreichend genaue Approximation des zugrundeliegenden vollen Modells liefert. Die Online-Phase besteht schließlich in der Lösung des Kompaktmodells. Je nach physikalischer Domäne sind hier Rechenzeitbeschleunigungen von mehreren Größenordnungen möglich.

In dieser Arbeit ist das Kompaktmodell Ergebnis einer Projektion des vollen Modells auf einen niedrigdimensionaleren Unterraum. Die Ansatzfunktionen zur Approximation der Lösung werden über Proper Orthogonal Decomposition (POD) ermittelt. Dabei wird ein vorab berechneter Lösungsraum des vollen Systems in eine Linearkombination orthogonaler Vektoren zerlegt. Die Reduktion entsteht durch die Vernachlässigung unwichtiger Raumrichtungen. Die Bewertung hierbei liefert die Methode selbst. POD liefert die bestmögliche Approximation im Sinne der Euklidischen Norm, welche mit der jeweiligen Ordnung möglich ist.

Bei reduzierten nichtlinearen Systemen müssen die reduzierte Systemfunktion und deren Jacobimatrix in jeder Newton-Iteration neu berechnet werden. Deren Bestimmung beinhaltet die Auswertung der vollen Systemfunktion und der zugehörigen Jacobimatrix, sowie deren Projektion auf den niedrigdimensionalen Unterraum. Diese Operationen stellen häufig den Hauptanteil des gesamten Rechenaufwandes dar. Die Idee besteht nun darin, die reduzierte Systemfunktion und deren Jacobimatrix durch Substituenten mit deutlich niedrigerer Komplexität zu ersetzen. Dieser Vorgang wird als Systemapproximation bezeichnet. Einen wesentlichen Beitrag für die Systemapproximation innerhalb der vorliegenden Arbeit liefert die Methode Gauss-Newton with Approximation Tensor (GNAT) [23, 24].

Zuletzt wird der alternative Losungsansatz fur dynamische Systeme Trajectory Piecewise Linear (TPWL) vorgestellt. Er beruht auf der Lösung eines Modells, welches sich aus reduzierten linearisierten Modellen zusammensetzt. Diese linearisierten Modelle werden entlang vorgegebener Trajektorien ausgewählt.

Reduktion des EHD-Kontaktproblems

Grundlage des reduzierten Modells ist die durch Ansatzmatrix und Testmatrix gegebene Projektion. Die Ansatzmatrix wird durch POD bestimmt, wobei die Ansatzfunktionen für Druck und Verformung unabhängig voneinander betrachtet werden. Die Projektion wird durch einen Galkerin-Ansatz vervollständigt, bei welchem die Ansatzmatrix auch als Testmatrix verwendet wird.

Schließlich werden die reduzierte Systemfunktion und deren Jacobimatrix durch Substituenten mit geringer Komplexität ersetzt. Die Substituenten zeichnen sich dadurch aus, dass nur die wichtigsten Knoten des nichtlinearen Anteils der Systemfunktion für deren Berechnung herangezogen werden. Erfahrungswerte zeigen, dass ungefähr doppelt so viele Knoten betrachtet werden müssen wie es Ansatzfunktionen für den Druck gibt. Damit sind innerhalb der Online-Phase keine Rechenoperationen mit der Größe des vollen Systems notwendig.

Der stationäre EHD-Kontakt

Ein stationärer Kontakt liegt vor, wenn das System keinen zeitlichen Änderungen unterliegt. Das System wird zu einem rein parametrischen Problem.

Automatisierte Generierung reduzierter Modelle

Das Ziel dieses Abschnitts liegt darin, eine Methode zu entwickeln, welche genaue und zuverlässige Kompaktmodelle mit möglichst wenig Aufwand vollautomatisch generiert. Die Methode beruht auf der Überprüfung und Erweiterung eines vorhandenen reduzierten Modells an zufällig gewählten Stellen des vorab definierten Parameterraums. Dazu werden zwei schnell auszuwertende Maße benötigt: zum einen ein Abstandsmaß zur Initialisierung des reduzierten Modells und zur Auswahl einer geeigneten Startlösung und zum anderen ein Fehlermaß zur Identifizierung der Approximationsgüte des reduzierten Modells. Das Abstandsmaß soll hierbei eine Aussage über die Ähnlichkeit zweier Lösungen liefern, bei alleiniger Kenntnis der beiden zugehörigen Parameterkombinationen. Dabei sind Abstandsfunktionen des Parameterraums in abgeschwächter Form vorzugeben. In dieser Arbeit wird vorgeschlagen, dass die Gewichtung dieser Abstandsfunktion derart erfolgt, dass die Korrelation zwischen Abstandsmaß und den Euklidischen Distanzen vorhandener Testlösungen maximiert wird. Dies ermöglicht eine geradlinige Herangehensweise zur Bestimmung eines geeigneten Abstandsmaßes, bei der auch nichtlineare Parameterabhängigkeiten durch Ausprobieren ermittelt werden können. Als Maß dienen hierbei die Gewichtungen der jeweiligen Abstandsfunktion und der Korrelationskoeffizient. Das Fehlermaß basiert auf der Auswertung des Residuums. Es ist in der Lage Lösungen mit schlechter Approximationsgüte zu identifizieren. Allerdings reicht seine Auflösung nicht aus, um zwischen einer guten und einer sehr guten Approximation zu unterscheiden. Da das Hauptziel aber darin besteht, schlechte Lösungen zu erkennen, liefert das Fehlermaß eine ausreichend gute Bewertung.

Wie bereits erwähnt benötigt der Algorithmus zur Generierung von Kompaktmodellen ein reduziertes Modell. Die Initialisierung dieses Modells erfordert die Lösungen an vorab bestimmten Trainingspunkten. Die Trainingspunkte werden iterativ so bestimmt, dass der Abstand des neuen Trainingspunktes zum nächsten der bereits vorhandenen Trainingspunkte maximiert wird. Als Maß hierfür dient das oben genannte Abstandsmaß. Im folgenden Verlauf wird das reduzierte Modell an zufällig ausgewählten Stellen des vorab definierten Parameterraums getestet. Wird die Lösung an einer Parameterkombination schlecht approximiert, so wird diese Parameterkombination zum Trainingsraum hinzugefügt und das reduzierte Modell um die entsprechende Lösung erweitert. Die globale Suche wechselt anschließend in eine lokale Suche um den zuletzt hinzugefügten Trainingspunkt, solange bis eine gewisse Anzahl an erfolgreichen Rechnungen am Stück abgeschlossen sind. Der Algorithmus beendet sich, nachdem eine bestimmte Anzahl erfolgreicher Berechnungen innerhalb der globalen Suche durchgeführt sind. Die Toleranz kann nun schrittweise herabgesetzt werden, bis die erwünschte Güte erreicht ist. Hierbei ist zu beachten, dass die maximale Güte durch die Qualität des Fehlermaßes bestimmt wird.

Der beschriebene Algorithmus liefert ein stabiles und sehr genaues reduziertes Modell auf einem Parameterbereich, welcher einen großen Teil des EHD-Gebiets abdeckt. Das reduzierte Modell benötigt für das Linienkontaktproblem eine durchschnittliche Rechenzeit von 20 ms, was zu einer Beschleunigung von ungefähr Faktor 50 im Vergleich zur vollen Rechnung führt. Beim Punktkontaktproblem benötigt das reduzierte Modell eine Rechendauer von durchschnittlich 150 ms, was einer Beschleunigung von ungefähr 6000 entspricht. Hierbei sei angemerkt, dass die zugrundeliegende volle Rechnung nicht die effizienteste Lösungsstrategie darstellt.

Nicht-Newtonsches Fluid

Die Viskosität vieler Schmiermittel verringert sich bei großen Schergeschwindigkeiten. Dieses Verhalten kann durch einen Newtonschen Ansatz, bei welchem die Viskosität konstant ist, nicht abgebildet werden. Dies führt gegebenenfalls zur Bestimmung zu großer Werte für Filmdicke und Reibung. Die Nicht-Newtonschen Effekte können über die generalisierte Reynoldsgleichung [88] in das EHD-System eingebracht werden. Die generalisierte Reynoldsgleichung erlaubt das Einbringen vieler expliziter und impliziter Nicht-Newtonscher Fluidmodelle in generalisierter Newtonscher Form. Im Allgemeinen ist die generalisierte Reynoldsgleichung abhängig von implizit gegebenen Termen. Im Rahmen dieser Arbeit wird die Bestimmung der Jacobi-Matrix zur vollgekoppelten Lösung des EHD-Problems mittels Newton-Verfahren skizziert. Neben den Integralen über den Schmierfilm zur Mittelung der Viskosität müssen auch die Integrale nach den Ableitungen der Zustandsgrößen berechnet werden. Die resultierende größere Konvergenzrate des Newton-Verfahrens überwiegt dabei den Nachteil eines größeren Rechenaufwandes bei der Integration über die Filmdicke. Allerdings ist die vollgekoppelte Modellierung mit Halbraumtheorie nicht sehr effizient für das Punktkontaktproblem, da sie auf eine vollbesetzte Nachgiebigkeitsmatrix großer Ordnung führt. Die resultierende Rechenzeit liegt mit durchschnittlich 15 min über der Rechenzeit aktueller Solver. Mit einer mittleren Rechendauer von einer Sekunde und einer Abweichung vom vollen System von unter einem Prozent ist das reduzierte Modell dagegen sehr effizient. Die Ergebnisse werden mit experimentellen und numerischen Werten aus der Literatur verglichen. Während die zentrale Filmdicke eine sehr gute Übereinstimmung liefert, weichen die Vorhersagen der minimalen Filmdicken leicht von den Literaturwerten ab.

Der transiente EHD-Kontakt

In diesem Kapitel wird das transiente EHD-Kontaktproblem betrachtet. Das Kapitel gliedert sich in zwei Teile. Der erste Teil betrachtet die Behandlung eines auf die aktuelle Kontaktgröße angepassten Berechnungsgitters, wodurch eine höhere Ähnlichkeit im Lösungsraum erzeugt wird. Der zweite Teil beschäftigt sich mit der Anwendung und Anpassung der TPWL-Methode auf das transiente EHD-Kontaktproblem.

Anpassung des Berechnungsgebiets

Bei transienten Problemen ändern sich die Parameter mit der Zeit und damit auch die Kontaktgröße. Üblicherweise wird ein konstantes Berechnungsgitter vorausgesetzt, weshalb die Entdimensionierung sich auf eine festgelegte Referenzkontaktgröße bezieht. Dies hat zur Folge, dass die Größe der Lösung auch in den entdimensionierten Variablen variiert. Dies wirkt sich negativ auf die MOR-Methodik aus. Um dies zu verhindern, wird eine neue Formulierung eingeführt, welche eine auf die aktuelle Kontaktgröße bezogene Entdimensionierung vorsieht. Dabei werden zwei unterschiedliche Herangehensweisen betrachtet. Die Erste entspricht einer Formulierung der Reynoldsgleichung in Arbitrary-Lagrangian-Eulerian (ALE) Koordinaten. Hierbei werden die zeitlich veränderlichen Parameter als explizite Zeitfunktionen aufgefasst. Aufgrund des künstlichen Flusses der resultierenden Gitterbewegung wird zur Stabilisierung des Diffusions-Konvektions-Problems eine räumlich angepasste Diskretisierung erforderlich. In der zweiten Formulierung wird das Gitter in jedem Zeitschritt an die aktuelle Kontaktgröße angepasst. Es wird allerdings anders als bei der ALE-Formulierung als zeitlich konstant angenommen. Dadurch müssen Lösungen vorheriger Zeitschritte auf das aktuelle Gitter projiziert werden. Es zeigt sich, dass eine Erhöhung der Ähnlichkeit des Lösungsraumes durch beide Formulierungen insbesondere bei großen Parameterschwankungen erreicht werden kann. Dies führt zu einer erheblichen Effizienzsteigerung beim reduzierten Modell.

Trajectory Piecewise Linear Methode

Im zweiten Teil des Kapitels wird ein alternativer Lösungsansatz, die Trajectory-Piecewise-Linear-Methode (TPWL), auf das EHD-Kontaktproblem angewendet. Die TPWL-Methode ist ein Verfahren, bei dem das aktuelle nichtlineare Modell durch eine gewichtete Superposition von reduzierten linearisierten Modellen entlang vorgegebener Trainingstrajektorien approximiert wird. Da das EHD-Kontaktproblem eine sehr allgemeine Struktur aufweist, sind Anpassungen sowohl in der Parametrik als auch durch die nichtlinear abhängigen Eingänge notwendig. Die Anpassung erfolgt durch lineare Interpolation zwischen den Parametern [7] bzw. durch Anpassung mittels Eingangs-Jacobimatrizen. Des Weiteren wird eine neue Methodik zur Ermittlung der Linearisierungspunkte vorgestellt, welche eine unterschiedliche Vorhersagegenauigkeit der linearisierten Modelle berücksichtigt. Die Methode ermöglicht eine moderate Reduktion der Anzahl an Linearisierungspunkten, sowie einen geringeren Offline-Rechenaufwand. Der TPWL-Ansatz ist vor allem für kompakt formulierte Problemstellungen, wie zum Beispiel der Reproduktion einer Trainingstrajektorie, bei ausreichender Genauigkeit äußerst effizient. Für weiter gefasste Problemstellungen wie zum Beispiel parametrische Systeme mit verschiedenen Eingängen und Eingangssignalen schwinden die Effizienzvorteile gegenüber einer reduzierten Newton-Methode mit Systemapproximation zunehmend. Dies liegt daran, dass mit der zunehmenden Komplexität des abzubildenden Systems die Anzahl der Linearisierungspunkte und damit der Aufwand des Gewichtungsprozesses stark ansteigen. Darüber hinaus ist eine weitaus größere Speicherkapazität als beim Newton-Verfahren erforderlich und der TPWL-Ansatz ergibt im Allgemeinen eine geringere Genauigkeit als die auf dem Newton-Verfahren basierenden Methoden.

Schlussfolgerung

Die Modellordnungsreduktion ist ein geeignetes Verfahren zur Beschleunigung der Rechenzeit des EHD-Kontaktproblems innerhalb eines festzulegenden Arbeitsbereiches. Dabei bleibt die im vollen System zugrundeliegende physikalische Komplexität erhalten. Dadurch erreicht das jeweilige reduzierte Modell eine sehr hohe Genauigkeit. Da allerdings zur Erstellung des reduzierten Systems im Allgemeinen ein sehr hoher Rechenaufwand erforderlich ist, gilt es abzuwägen, ob MOR für den jeweiligen Anwendungsfall ein geeignetes Verfahren ist.

Innerhalb dieser Arbeit wurde eine Methode zur automatisierten Erstellung reduzierter Modelle vorgestellt. Die Methode liefert ein sowohl zuverlässiges als auch genaues reduziertes Modell, was durch eine manuelle Snapshot-Auswahl nur sehr schwierig zu erreichen ist. Dadurch wird die Kompaktmodellgenerierung mittels Modellordnungsreduktion für stationäre EHD-Kontaktprobleme zu einer anwenderfreundlichen Alternative.

Des Weiteren wird eine effiziente Lösungsstrategie für das Nicht-Newtonsche EHD-Kontaktproblem vorgestellt. Sie sieht eine Lösung des Nicht-Newtonschen Problems mit dem Newton-Verfahren vor. Dazu muss die Jacobi-Matrix der implizit gegebenen generalisierten Reynolds-Gleichung ermittelt werden. Interessant wird die Bestimmung der Jacobi-Matrix auch bei der Anwendung von TPWL auf das Nicht-Newtonsche EHD-Problem. Hierbei spielt die Komplexität der Filmdickenintegration keine Rolle mehr.

Beim transienten EHD-Kontaktproblem wurde eine neue Formulierung vorgestellt, welche das Berechnungsgebiet auf die aktuelle Kontaktgröße anpasst. Die Formulierung ermöglicht die Erstellung effizienter reduzierter Modelle für mit großer Amplitude erregte Systeme. Außerdem eignet sich die Methode TPWL als sehr schnelle Alternative zur Berechnung transienter EHD-Kontaktprobleme für Problemstellungen geringerer Komplexität.

Die reduzierten Modelle eignen sich aufgrund ihres sehr geringen Rechenaufwandes und der Möglichkeit, die Betriebsbedingungen (Kraft, Geschwindigkeit, Krümmungsradius,...) als Eingang oder Parameter zu berücksichtigen, dazu als Subroutine in einer Systemsimulation zur genaueren Betrachtung kritischer Kontaktstellen eingebunden zu werden. Außerdem können die reduzierten Modelle zur Auslegung mechanischer Komponenten in Optimierungsschleifen bei der Variation der Betriebsbedingungen (Geometrie, Material, Schmierstoffeigenschaften,...) verwendet werden, wobei die Komplexität des zugrundeliegenden physikalischen Modells erhalten bleibt.

Ausblick

Im Rahmen dieser Arbeit werden isotherme EHD-Linien- und -Punktkontakte mit glatten Oberflächen betrachtet, wobei komplexere physikalische Modellierungsformen mit Sicherheit auch von Interesse sind. Im Folgenden werden daher mögliche Erweiterungen der vorgestellten Methode erörtert.

Wie bereits festgestellt wurden innerhalb dieser Arbeit ausschließlich glatte Kontakte betrachtet. Gleichwohl ist der Bereich der Oberflächenrauigkeiten in heutiger tribologischer Simulationsmethodik von großem Interesse. Im Allgemeinen können Einflüsse durch Oberflächenrauigkeit mit in das parametrische reduzierte Modell einbezogen werden, wenn die Oberflächentopographie durch eine kleine Anzahl an Parametern beschrieben werden kann. Dabei bleibt die Frage im Raum stehen, wie gut die welligen Lösungen von Druck und Verformung durch globale Ansatzfunktionen approximiert werden können. Eine vielversprechende Alternative zur Einbindung von Oberflächenrauigkeitseinflüssen liefert hierbei der Einsatz von Flussfaktoren [93], welche wiederum eine glatte Lösung zur Folge haben.

Im Rahmen dieser Arbeit wird angenommen, dass der Schmierspalt am Eingang komplett mit Fluid gefüllt ist. Diese Annahme ist allerdings im Falle von Mangelschmierung nicht erfüllt. Zur Berücksichtigung von Mangelschmierung kann das Jakobsson-Floberg-Olsson (JFO) Kavitationsmodell [39] verwendet werden. Ähnlich wie in dieser Arbeit vorgestellt, führt dieser Ansatz wiederum auf ein Komplementaritätsproblem.

Mit der Berücksichtigung eines Nicht-Newtonschen Fluids wird ein erster Schritt in Richtung einer realistischen Reibungsmodellierung für Kontakte mit nicht vernachlässigbarem Gleiten getätigt. Ein weiterer möglicher Schritt ist die zusätzliche Betrachtung thermischer Effekte durch Einbindung der Energiebilanz in das Gleichungssystem. Damit wird die Vorhersage von Reibung für eine größere Bandbreite von Arbeitspunkten genauer. Darunter fallen zum Beispiel größere Geschwindigkeiten der Oberflächen.

Innerhalb der Arbeit wird das Verfahren der finiten Differenzen zur Diskretisierung verwendet, wobei ein räumlich äquidistantes Gitter verwendet wird. Das Reduktionschema ist allerdings nicht auf ein bestimmtes Diskretisierungsverfahren beschränkt. Alternativ kann auch zum Beispiel die Finite-Elemente-Methode für die Diskretisierung herangezogen werden. Damit kann eine angepasste Vernetzung mit lokaler Verfeinerung durchgeführt werden.

Résumé

Introduction

Les pièces mécaniques modernes tendent vers un design miniaturisé et plus légèr. Cependant, les performances requises par le cahier des charges restent identiques voire augmentent. En conséquence, les pièces approchent de leur charge mécanique limite. De plus, la question de l'efficacité énergétique prend de plus en plus d'ampleur, c'est pourquoi une lubrification appropriée est très importante afin de diminuer les pertes par frottement. De ce fait, la connaissance exacte des contacts lubrifiés sous forte charge est intéressante afin de maintenir une haute fiabilité et durabilité d'un grand nombre de systèmes mécaniques tels des paliers, engrenages ou des contacts came-poussoir. La simulation numérique de comportements physiques pour soutenir les tests expérimentaux joue un rôle fondamental dans la conception de nouveaux produits. Les techniques de simulation modernes utilisent entre autres des études paramétriques grande échelle, des optimisations multiobjectifs et l'intégration rapide de sous-programmes dans les logiciels commerciaux. Chaque méthode utilise un solveur rapide et précis des problèmes physiques respectifs. Pour le cas de l'élastohydrodynamique, un choix doit être effectué entre un solveur précis mais cher et un solveur rapide mais fortement simplifié. L'idée principale de ce travail est de programmer un solveur rapide et précis pour les problèmes de type contact EHD sous forte charge par l'utilisation des méthodes de réduction de modèle.

Modélisation

Ce chapitre pose les fondements théoriques de l'élastohydrodynamique et des méthodes de réduction de modèle qui seront par la suite utilisées dans le troisième chapitre. Par la suite, ce chapitre aborde la procédure de réduction du problème de contact EHD.

Lubrification Elastohydrodynamique

Les contacts tribologiques sont classiquement divisés en fonction de leur régime de lubrification : lubrification limite, lubrification mixte, lubrification hydrodynamique. Cette thèse traite de ces derniers. Alors qu'en régime de lubrification limite aucun film de lubrification n'est présent, il se forme progressivement en régime mixte et finalement un film de lubrification est complètement formé en régime hydrodynamique. L'évolution du coefficient de frottement dans ces trois régions est représenté par la courbe de Stribeck [103]. Comme le montre la figure 0.3, après une diminution en régime mixte, le coefficient de frottement est minimalisé en régime EHD puis augmente progressivement en régime de lubrification hydrodynamique en fonction de la vitesse multipliée par la viscosité, divisée par la force appliquée.

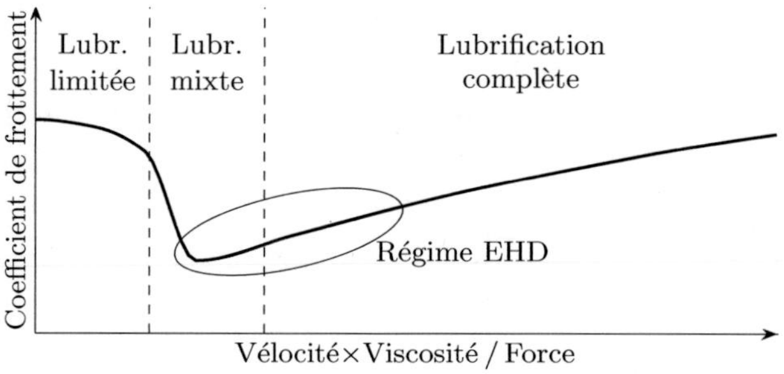

FIGURE 0.3.: Courbe de Stribeck

Une autre classification peut être effectuée par la forme du contact. Une différenciation est faite entre un contact conforme et un contact non-conforme. Pour le contact non-conforme, l'aire de contact est très petite et la déformation ne peut pas être négligée à l'inverse d'un contact conforme ou hydrodynamique. La figure 0.4 illustre le changement du profil de pression ou d'épaisseur de film de faible à forte charge. Sous forte charge, la solution du problème de contact

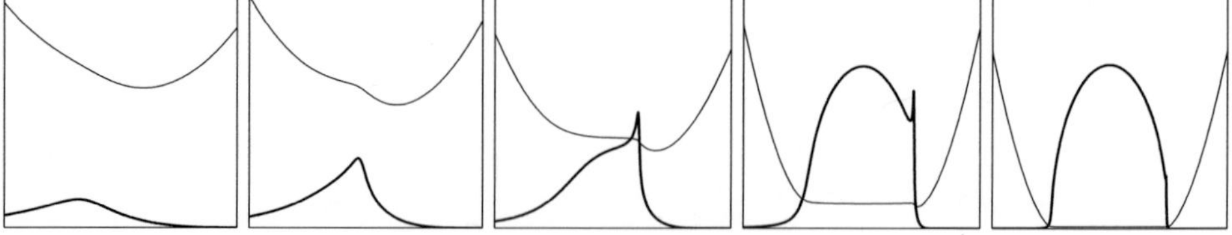

FIGURE 0.4.: Allure qualitative du champ de pression (ligne épaisse) et de l'épaisseur de film (ligne fine) pour des contacts EHD.

élastohydrodynamique (EHD) tend vers un contact de Hertz. Par conséquence, les solutions EHD se comportent de façon similaire sous forte charge. Pour cette raison l'approche par la méthode de réduction de modèle sur le problème de contact EHD est d'autant plus intéressante.

Le problème du contact EHD est composé de trois équations : L'équation de Reynolds pour calculer le profil de pression, l'équation d'élasticité pour le calcul de la déformation des deux corps en contact et finalement l'équilibre des forces pour déterminer la position relative des deux corps. Tout d'abord, le problème est transformé en une forme sans dimension. Le dédimensionnement débouche sur un plus petit nombre de paramètres et un meilleur conditionnement du problème. L'équation de Reynolds est une équation aux dérivées partielles non-linéaire avec des conditions aux limites de Dirichlet. Elle est discrétisée par les différences finies. Dans le cadre de ce travail, l'équation d'élasticité est déterminée par la théorie du demi-espace. Elle est donc sous la forme d'une intégrale comme l'équation d'équilibre de la charge. La discrétisation des deux équations a lieu par intégration numérique par la méthode du point milieu.

De plus, le problème de contact EHD contient un autre problème physique : dans la région de sortie du contact la rupture du film lubrifié se produit. Dans la résolution de Reynolds, cet effet physique se traduit par la prédiction de pressions négatives. Comme condition supplémentaire, la condition de cavitation est introduite. Celle-ci interdit les pressions négatives. Dans le cadre de ce travail, le traitement de cette condition supplémentaire est effectué par la régularisation de la condition supplémentaire par la méthode de pénalisation [121]. Cette méthode à l'avantage d'être simple à implémenter, en revanche la condition supplémentaire n'est pas exactement réalisée.

La solution du problème discrétisé adimensionné est effectuée suivant une approche monolithique : la formulation s'écrit comme un système d'équations, et la méthode de Newton est appliquée sur celui-ci.

Finalement, les résultats de la méthode présentée pour le contact EHD linéaire stationnaire et transitoire et pour le contact EHD ponctuel stationnaire sont comparés aux résultats de l'état de l'art. Les résultats obtenus sont très similaires à ceux reportés dans la littérature.

Méthode de réduction de modèle

Cette section présente les méthodes de réduction de modèle qui sont importantes pour ce travail. L'idée fondamentale est une répartition de la résolution en deux phases. Tout d'abord un modèle réduit est défini, pour fournir une approximation rapide et précise du modèle complet. Ensuite on résout sur une base plus fréquente le modèle réduit. En fonction du domaine physique, des réductions du temps de calcul de plusieurs ordres de grandeur sont possibles.

Le modèle réduit est le résultat d'une projection du modèle complet dans un espace de petite dimension. Les fonctions de base pour approximer la solution sont déterminées par l'analyse en composantes principales (POD). Par ailleurs, l'espace de la solution pré-calculée du système complet est découpé en une combinaison linéaire de solutions orthogonales. La réduction consiste à négliger les directions d'espace de solutions non importantes. Ce faisant, l'évaluation d'importance est effectuée par la méthode elle-même. En ayant un nombre fixé de degrés de liberté, la POD fournit la meilleure approximation en terme de la norme euclidienne.

Dans le cas de systèmes non-linéaires réduits, la fonction du système réduit et la matrice Jacobienne correspondante doivent être recalculées à chaque itération de Newton. La détermination inclut l'évaluation de la fonction du système réduit et la matrice Jacobienne correspondante, ainsi que l'évaluation des projections particulières dans l'espace de faible dimension. Ces opérations sont souvent les plus lourdes en calcul. Une nouvelle approche consiste à remplacer la fonction du système réduit et la matrice Jacobienne correspondante par des suppléants de complexité beaucoup plus faible. Ce processus est appelé l'approximation du système. Dans ce travail, une contribution essentielle pour l'approximation du système fut fournie par la méthode de Gauss-Newton avec Tenseur d'Approximation (GNAT) [23, 24].

Finalement, l'approche par des solutions alternative pour des systèmes dynamiques, "'Trajectory Piecewise Linear"' (TPWL), est présentée. Elle repose sur la résolution d'un modèle, qui est composé de modèles linéarisés réduits. Ces modèles linearisés sont sélectionnés le long des trajectoires fixées.

Réduction du problème de contact EHD

Le principe du modèle réduit est la projection par la matrice des fonctions de base et la matrice des fonctions test. La matrice des fonctions est déterminée par la méthode POD, cependant les fonctions de base pour la pression et pour la déformation sont considérées indépendantes. La projection est complétée par une approche de Galerkin. A ce sujet, la matrice des fonctions de base est employée aussi en tant que matrice des fonctions test.

Finalement, la fonction du système et sa matrice Jacobienne sont substituées par des remplaçants de plus faible complexité. Les remplaçants se caractérisent par une évaluation exclusive des nœuds les plus importants de la partie non-linéaire de la fonction du système. Empiriquement, un nombre adéquat de nœuds est environ égal à deux fois le nombre de fonctions de base pour la pression. Par conséquent, la première phase n'a pas besoin d'opérations de calcul ayant la taille du système complet.

Le contact EHD stationnaire

Un contact stationnaire existe, s'il n'y a pas de changements temporels du système. Dans ce cas, le système est un problème purement paramétrique.

Génération automatisée des modèles réduits

L'objectif de cette section est de développer une méthode qui engendre automatiquement des modèles exacts et fiables avec un minimum d'effort. La méthode consiste en la vérification et l'extension d'un modèle réduit existant aux positions aléatoirement sélectionnées à partir d'un espace paramétriques prédéfini. Dans ce but, deux indicateurs rapidement utilisables ont été nécessaires : d'un coté, un indicateur de la distance afin d'initialiser le modèle réduit et de sélectionner une solution initiale adéquate. Et de l'autre, un indicateur d'erreur afin d'identifier le facteur de qualité de l'approximation du modèle réduit. Par ailleurs, l'indicateur de la distance doit fournir une indication de la similarité entre deux solutions en connaissant seulement les combinaisons correspondantes des paramètres. En l'occurrence, des fonctions de la distance de l'espace paramétrique doivent être définies. La pondération de ces fonctions de la distance a lieu en même temps que la corrélation entre l'indicateur et les distances euclidiennes des solutions existantes est maximisée. De cette manière, une approche rectiligne est mise à disposition pour déterminer un indicateur de distance adéquate.En utilisant les pondérations des fonctions de la distance particulaire et le coefficient de corrélation comme mesure, des dépendances non-linéaires éventuelles peuvent être découvertes par tâtonnements. L'indicateur d'erreur repose sur l'évaluation du résidu. Il est capable d'identifier des solutions avec un mauvais facteur de qualité de l'approximation. Cependant, sa résolution ne suffit pas pour différencier entre une bonne et une très bonne approximation. Si l'objectif principal consiste à discerner des mauvaises solutions, l'indicateur d'erreur est suffisant.

L'algorithme de génération des modèles réduits fonctionne sur la base d'un modèle réduit. L'initialisation du modèle réduit demande des solutions aux points d'entraînement prédéfinis. Les points d'entraînement sont itérativement assignés, de sorte que la distance du nouveau point d'entraînement jusqu'au prochain, qui existe déjà, est maximalisée. Ici, l'indicateur de distance sert de mesure. Par la suite, le modèle réduit est testé pour des positions aléatoirement sélectionnées à partir d'un espace paramétrique prédéfini. Si la solution est mal approximée par une combinaison paramétrique, cette combinaison est ajoutée à l'espace des paramètres et le modèle réduit est enrichi de la solution correspondante. L'analyse globale se change en une analyse locale autour du dernier point d'entraînement jusqu'à ce qu'un certain nombre de calculs cohérents soit réalisés. L'algorithme se termine après qu'un certain nombre de calculs soit exécuté avec succès dans l'analyse globale. Il est d'ailleurs important que la qualité maximale soit déterminée par la qualité de l'indicateur d'erreur.

L'algorithme fournit un modèle réduit stable et très précis sur un certain domaine de paramètres, qui couvre une grande partie du domaine EHD. Le modèle réduit a besoin en moyenne d'un temps de calcul de 20 ms pour un contact linéique et de 150 ms pour un contact ponctuel. Cela correspond à une accélération du calcul de respectivement 50 et 6000 fois en comparaison avec le modèle complet. Il est important de noter que le calcul fondamental complet n'est pas le plus efficace.

Fluide non-Newtonien

La viscosité d'un grand nombre de lubrifiants diminue avec de fortes contraintes de cisaillement. Ce comportement ne peut être reproduit par une approche newtonienne. Ceci entraine une surestimation du frottement. Les phénomènes non-Newtoniens peuvent être intégrés dans le système EHD grâce à l'équation de Reynolds généralisée [88]. L'équation de Reynolds généralisée permet l'utilisation d'un grand nombre de modèles de fluide non-Newtonien. Dans le cadre de ce travail, la détermination de la matrice Jacobienne pour la solution totalement couplée au problème EHD par la méthode de Newton est proposée. En plus des intégrales sur l'épaisseur du film pour moyenner la viscosité, les intégrales aux limites de dérivations des variables d'état doivent être calculées. Malgré le désavantage d'un plus long temps de calcul pour l'intégration sur l'épaisseur, la plus grande rapidité de convergence prédomine. La modélisation totalement couplée avec la théorie du demi-espace n'est pas très efficace pour le problème du contact ponctuel. Ceci produit une matrice entièrement pleine de grand ordre. Le temps de calcul résultant s'élève en moyenne à 15 minutes et est plus élevé que le temps de calcul des solveurs actuels. Avec un temps moyen de calcul d'une seconde et un écart au système complet de moins d'un pour cent, le système réduit est en revanche très efficace. Les résultats ont été comparés aux valeurs expérimentales et numériques de la littérature. Alors que l'épaisseur de film centrale est en bonne accord, les prédictions de l'épaisseur de film minimal différent légèrement des valeurs reportées dans la littérature.

Le contact EHD transitoire

Dans cette section, le problème du contact EHD transitoire est considéré. La section se subdivise en deux parties. La première partie considère le traitement d'un maillage de calcul adapté à la taille du contact. Ainsi une meilleure ressemblance est obtenue. La deuxième partie propose l'application et l'adaptation de la méthode TPWL à un problème de contact EHD transitoire.

Réseau de calcul adapté

Dans le cas des problèmes transitoires, les paramètres varient en fonction du temps et de la taille du contact. Normalement, un maillage contant est supposé. C'est pourquoi l'adimensionnement se réfère à un maillage de calcul constant. Ceci induit une variation de la taille de la solution. Ce qui a donc un effet néfaste pour la méthode de réduction de modèle. Pour contrecarrer cet effet, une nouvelle formulation est introduite. Elle contient un adimensionnement qui se réfère à la taille actuelle du contact. Deux approches différentes sont considérées. La première correspond à une formulation de l'équation de Reynolds avec les coordonnées Arbitraire-Lagrangien-Eulerien (ALE). Dans ce cas, les paramètres variables sont interprétés comme des fonctions explicitement dépendantes du temps. En raison du flux artificiel du mouvement résultant du maillage, une discrétisation spatialement adaptée est nécessaire pour garantir la stabilité du problème de diffusion-convection. Dans la deuxième formulation, le maillage est adapté à la taille du contact à chaque instant. A l'inverse de la formulation ALE, il est considéré comme indépendant du temps. Ce faisant, les solutions antérieures doivent être projetées sur le maillage actuel. Une augmentation de la similarité de l'espace des solutions est alors observée en particulier dans le cas de grandes fluctuations des paramètres. Ceci entraine une amélioration considérable de l'efficacité du modèle réduit.

La méthode Trajectory-Piecewise-Linear"

La deuxième partie présente l'application d'une approche alternative, la méthode "Trajectory-Piecewise-Linear" (TPWL), pour le problème du contact EHD. La méthode TPWL est une procédure qui approxime le système non-linéaire complet par une superposition pondérée de modèles réduits linéarisés suivant des trajectoires définies. Le problème de contact EHD comporte une structure très générale avec des dépendances paramétriques et des entrées non-linéairement dépendantes. L'adaptation a lieu par une interpolation linéaire entre les paramètres [7] ou par l'adaptation des matrices Jacobiennes d'entrées. De plus, une nouvelle méthode pour la sélection des points de fonctionnement est présentée. Elle prend en compte les différentes portées de prédiction des points de fonctionnement. La méthode permet une légère réduction du nombre des points de fonctionnement et un plus faible effort de calcul du problème complet. L'approche TPWL est extrêmement efficace et suffisamment précise particulièrement pour le traitement de problèmes réduits, comme par exemple la reproduction d'une trajectoire d'entraînement. Pour les problèmes plus lourds, comme un système paramétrique avec différentes entrées et des trajectoires différentes, l'avantage de l'efficacité diminue par rapport à la méthode de Newton réduite avec une approximation du système. Ceci est dû au fait que le nombre de points de fonctionnement, et donc l'effort de la pondération, augmente fortement avec l'accroissement de la complexité du modèle TPWL. Par ailleurs, une plus grande capacité de stockage est nécessaire en comparaison de la méthode de Newton. En conclusion, la méthode TPWL n'est pas aussi efficace exacte que la procédure de Newton.

Conclusion

La méthode de réduction de modèle est une procédure adéquate pour diminuer le temps de calcul du problème de contact EHD. La complexité physique du système complet est tout de même conservée. Ce faisant, le modèle réduit respectif est d'une très haute précision. Puisque, en général, un effort de calcul très grand est nécessaire pour la construction du système réduit, il est donc nécessaire d'évaluer pour chaque cas particulier si la méthode de réduction de modèle est appropriée.

Dans le cadre de ces travaux, une méthode de construction automatisée des modèles réduits a été proposée. La méthode fournit un modèle réduit fiable et précis, ce qui est difficile à réaliser par une sélection manuelle. Ainsi, la génération du modèle réduit par la méthode de réduction de modèle devient une alternative viable pour les problèmes de contact EHD stationnaires.

De plus, une stratégie efficace pour le problème du contact EHD non-newtonien est présentée. La stratégie prévoit une solution du problème du contact EHD non-newtonien avec la méthode de Newton. Dans ce but, la matrice Jacobienne de l'équation de Reynolds généralisée doit être calculée. Pour l'application de la méthode TPWL au problème EHD non-newtonien, la détermination de la matrice Jacobienne est intéressante : La complexité de l'intégration sur l'épaisseur du film n'intervient plus.

Pour le cas des contacts EHD transitoires, une nouvelle formulation est proposée, elle consiste à adapter le domaine de calcul à la taille du contact à chaque instant. La formulation permet la construction de modèles réduits efficaces pour les systèmes excités à de grandes amplitudes. Par ailleurs, la méthode TPWL est une alternative rapide appropriée pour calculer les problèmes de contact EHD transitoire avec des données du problème de faible complexité.

Grâce à leur simulation très rapide, les modèles réduits paramétriques peuvent être intégrés dans un système multicorps pour focaliser des points de contact critiques. De plus, les modèles réduits peuvent être utilisés pour dimensionner les composants mécaniques dans le cadre d'une optimisation sachant que la complexité du modèle physique fondamental se conserve.

Perspective

Les contacts EHD isothermes linéique et ponctuel avec des surfaces lisses ont aussi été considérés. Cependant des formes de modélisation physiquement plus complexes sont certainement intéressantes. Les différentes possibilités d'extension de la méthode développée sont discutées ci-dessous.

En règle générale, l'influence de la rugosité de surface peut être incorporée dans le modèle paramétrique réduit dans le cas d'une topographie de surface définissable par un petit nombre de paramètres. Ainsi, la question est de savoir si les solutions de pression et déformation prenant en compte les rugosités peuvent être approximées par des fonctions de base globale. Une alternative prometteuse pour l'intégration de l'influence de la rugosité de surface est l'utilisation des facteurs de flux [93], lesquels amènent une solution lisse.

Dans le cadre de ces travaux, une alimentation complète a été supposée à l'entrée. Cependant, si une lubrification insuffisante existe, le modèle de cavitation de Jakobsson-Floberg-Olsson (JFO) [39] peut être utilisé. Cette approche amène un problème de complémentarité de façon similaire à ces travaux.

En considérant un fluide non-newtonien, une première étape de modélisation réaliste du frottement pour des contacts à faible glissement est effectuée. Ensuite, une étape possible est la considération supplémentaire des effets thermiques par l'introduction du bilan énergétique dans le système d'équations. De la sorte, la prédiction du frottement est plus exacte pour un plus grand nombre de points de fonctionnement, comme par exemple des vitesses de surface plus grandes.

Finalement, la méthode des différences finies est utilisée pour la discrétisation. Un maillage spatialement équidistant est ici employé. Par contre, le schéma de la réduction ne se limite pas à une procédure de discrétisation déterminée. Alternativement, la méthode des éléments finis peut être mise à contribution pour la discrétisation. Ainsi, un maillage adapté avec un affinement local peut être considéré.

Nomenclature

α	viscosity-pressure-coefficient $[\mathrm{Pa}^{-1}]$
$\bar{\alpha}$	dimensionless viscosity-pressure-coefficient $[-]$
β	tolerance for operating point selection (TPWL) $[-]$
$\boldsymbol{\gamma}$	mapping function to current grid, $\boldsymbol{\gamma} : \mathbb{R}^n \to \mathbb{R}^n$
γ_{pen}	penalty factor $[\mathrm{kg/m^2 s}]$
$\bar{\gamma}_{\mathrm{pen}}$	dimensionless penalty factor $[-]$
δ	elastic deformation $[\mathrm{m}]$
$\boldsymbol{\delta}$	elastic deformation vector, $\boldsymbol{\delta} \in \mathbb{R}^n$
Δ	dimensionless elastic deformation, $\Delta = \frac{\delta R}{a^2}$ $[-]$
η	viscosity $[\mathrm{Pa\ s}]$
η_0	viscosity at ambient pressure $[\mathrm{Pa\,s}]$
λ	Lagrangian multiplier $[\mathrm{kg/m^2 s}]$
$\boldsymbol{\lambda}$	Lagrangian multiplier vector, $\boldsymbol{\lambda} \in \mathbb{R}^n$
Λ	dimensionless Lagrangian multiplier $[-]$
$\boldsymbol{\Lambda}$	Lagrangian multiplier vector, $\boldsymbol{\Lambda} \in \mathbb{R}^{2n+1}$
$\bar{\lambda}$	dimensionless Lagrangian multiplier $[-]$
$\boldsymbol{\mu}$	EHD parameter vector, $\boldsymbol{\mu} \in \mathbb{R}^d$
ν_i	Poisson ratio of body i $[-]$
ρ	density $[\mathrm{kg/m^3}]$
ρ_0	density at ambient pressure $[\mathrm{kg/m^3}]$
$\boldsymbol{\sigma_p}$	vector of singular values of pressure snapshot matrix, $\boldsymbol{\sigma_p} \in \mathbb{R}^{\min\{m,n\}}$
$\boldsymbol{\sigma_\delta}$	vector of singular values of deformation snapshot matrix, $\boldsymbol{\sigma_\delta} \in \mathbb{R}^{\min\{m,n\}}$
τ_e	equivalent shear stress $[\mathrm{Pa}]$
ω	relaxation parameter $[-]$
Ω	computational domain
$\partial\Omega$	boundary of computational domain
a	Hertzian half width (line contact), $a = \sqrt{\frac{8wR}{E'\pi}}$ $[\mathrm{m}]$
a	Hertzian radius (point contact), $a = \sqrt[3]{\frac{3wR}{2E'}}$ $[\mathrm{m}]$
A_{ex}	Amplitude of excitation $[-]$
c	running parameter $[-]$
d	dimension of parameters $[-]$

$\boldsymbol{D}$	preconditioning diagonal matrix, $\boldsymbol{D} \in \mathbb{R}^{\{2n+1\}\times\{2n+1\}}$
e_f	residuum based error measure [−]
e_f^{I}	residuum based error measure (approximation level I) [−]
e_f^{II}	residuum based error measure (approximation level II) [−]
e_z	solution based error measure [−]
E_i	Young's modulus of body i [Pa]
E'	reduced Young's modulus, $\frac{2}{E'} = \frac{1-\nu_1^2}{E_1} + \frac{1-\nu_2^2}{E_2}$ [Pa]
$\boldsymbol{f}$	discrete EHD system function, $\boldsymbol{f} \in \mathbb{R}^{2n+1}$
$\boldsymbol{f_\delta}$	discrete elasticity equation, $\boldsymbol{f_\delta} \in \mathbb{R}^n$
f_{h_0}	discrete force balance equation $f_{h_0} \in \mathbb{R}$
$\boldsymbol{f_p}$	discrete Reynolds equation, $\boldsymbol{f_p} \in \mathbb{R}^n$
h	film thickness [m]
$\boldsymbol{h}$	film thickness vector, $\boldsymbol{h} \in \mathbb{R}^n$
H	dimensionless film thickness, $H = \frac{hR}{a^2}$ [−]
h_0	rigid body displacement [m]
H_0	dimensionless rigid body displacement, $H_0 = \frac{h_0 R}{a^2}$ [−]
h_i	dimensionless step size of dimension i with $i \in \{x, y, z\}$ [m]
$\boldsymbol{J_{f_\delta}}$	Jacobian of elasticity equation, $\boldsymbol{J_{f_\delta}} = \frac{\partial \boldsymbol{f_\delta}}{\partial \boldsymbol{z}} \in \mathbb{R}^{n\times\{2n+1\}}$
$\boldsymbol{J}_{f_{h_0}}$	Jacobian of load balance equation, $\boldsymbol{J}_{f_{h_0}} = \frac{\partial f_{h_0}}{\partial \boldsymbol{z}} \in \mathbb{R}^{1\times\{2n+1\}}$
$\boldsymbol{J_{f_p}}$	Jacobian of Reynolds equation, $\boldsymbol{J_{f_p}} = \frac{\partial \boldsymbol{f_p}}{\partial \boldsymbol{z}} \in \mathbb{R}^{n\times\{2n+1\}}$
L	dimensionless Moes parameter for lubricant [−]
l_δ	loss of information of deformation POD basis [−]
$l_{\delta,\max}$	maximum tolerable loss of information of deformation POD basis [−]
l_p	loss of information of pressure POD basis [−]
$l_{p,\max}$	maximum tolerable loss of information of pressure POD basis [−]
m	number of training solutions [−]
M	dimensionless Moes parameter for load [−]
n	number of nodes [−]
$\tilde{n}$	number of basis functions of reduced system [−]
$\hat{n}$	number of evaluations of Reynolds equation (system approximation) [−]
$\check{n}$	number of state variables to be calculated (system approximation) [−]
$\tilde{n}_p$	number of basis functions for pressure [−]
$\tilde{n}_\delta$	number of basis functions for deformation [−]
NPR	Newtonian-plateau ratio [−]
p	pressure [Pa]
$\boldsymbol{p}$	pressure vector, $\boldsymbol{p} \in \mathbb{R}^n$
P	dimensionless pressure, $P = \frac{p}{p_H}$ [−]
p_H	maximum Hertzian pressure (line contact), $p_H = \frac{2w}{\pi b}$ [Pa]

p_H	maximum Hertzian pressure (point contact), $p_H = \sqrt[3]{\frac{3wE'^2}{2\pi^3 R^2}}$ [Pa]
p_{Roe}	Roelands constant, $p_{Roe} = 1.96 \cdot 10^8$ Pa
R_i	radius of curvature of body i [m]
R	reduced radius of curvature, $\frac{1}{R} = \frac{1}{R_1} + \frac{1}{R_2}$ [m]
r_t	ratio of time step sizes [−]
s	distance measure [−]
s	number of operating points (TPWL) [−]
SRR	slide-to-roll ratio [−]
t	time [s]
T	dimensionless time [−]
T_{ex}	Period of excitation [−]
$\boldsymbol{u}$	input function vector
$\bar{u}$	dimensionless velocity [−]
U	dimensionless velocity (ALE) [−]
u_i	surface velocity of body i in x-direction [m/s]
u_m	mean surface velocity in x-direction, $u_m = \frac{u_1+u_2}{2}$ [m/s]
$\boldsymbol{V}$	trial basis, $\boldsymbol{V} \in \mathbb{R}^{\{2n+1\}\times\{\tilde{n}_p+\tilde{n}_\delta+1\}}$
$\boldsymbol{V_\delta}$	reduction matrix of deformation, $\boldsymbol{V_\delta} \in \mathbb{R}^{n\times\tilde{n}_\delta}$
$\boldsymbol{V_p}$	reduction matrix of pressure, $\boldsymbol{V_p} \in \mathbb{R}^{n\times\tilde{n}_p}$
$\boldsymbol{W}$	test basis, $\boldsymbol{W} \in \mathbb{R}^{\{2n+1\}\times\{\tilde{n}_p+\tilde{n}_\delta+1\}}$
w	load (line contact) [N/m]
w	load (point contact) [N]
$\bar{w}$	dimensionless load [−]
x, y, z	spatial coordinates [m]
X, Y, Z	dimensionless spatial coordinates [−]
$\boldsymbol{z}$	state vector, $\boldsymbol{z} = \left[\boldsymbol{p}^T, \boldsymbol{h}^T, H_0\right]^T \in \mathbb{R}^{2n+1}$
$\tilde{\boldsymbol{z}}$	reduced state vector, $\tilde{\boldsymbol{z}} \in \mathbb{R}^{\tilde{n}_p+\tilde{n}_\delta+1}$
z_{Roe}	viscosity-pressure-coefficient in Roelands equation [−]
$\mathcal{A}$	active set
$\mathcal{B}$	upstream boundary of active set
$\mathcal{I}$	set of nonlinear function evaluations (system approximation)
$\mathcal{J}$	set of state variable evaluations (system approximation)
$\mathcal{P}$	passive set
$\mathcal{Q}_k$	downstream boundary of passive set

Indication on Notation

To describe a submatrix of $\boldsymbol{A} \in \mathbb{R}^{n \times m}$ with selective rows or columns the following notation is introduced. The indices of the selected rows and columns are merged in the sets $\mathcal{N} = \{n_1, \ldots, n_{\hat{n}}\} \subset \{1, \ldots, n\}$ and $\mathcal{M} = \{m_1, \ldots, m_{\hat{m}}\} \subset \{1, \ldots, m\}$, respectively. Thereby the submatrix is given by

$$ {}^{\mathcal{M}}_{\mathcal{N}}\boldsymbol{A} = \begin{bmatrix} A_{n_1 m_1} & \cdots & A_{n_1 m_{\hat{m}}} \\ \vdots & \ddots & \vdots \\ A_{n_{\hat{n}} m_1} & \cdots & A_{n_{\hat{n}} m_{\hat{m}}} \end{bmatrix} \in \mathbb{R}^{\hat{n} \times \hat{m}}. \tag{0.1} $$

1. Introduction

1.1. Motivation

The tendency of today's machine devices goes towards smaller and lighter designs. Nevertheless, the transmitted power should remain the same or even increase. As a consequence, the machine elements approach the limit of loading capacity. Additionally, the energy saving issue is gaining attention and therewith the need of a proper lubrication to reduce friction losses. Consequently, a precise knowledge of the appearing highly loaded lubricated contacts is getting more and more important in order to maintain a high reliability and lifetime of a wide range of mechanical products such as the bearings, gear teeth or cam-tappet contacts. Thereby, in support of experimental techniques the numerical simulation of the physical behavior plays a decisive role in a contemporary fast and economical product development process. Modern simulation techniques include, among others, extensive parameter studies, multi-objective optimization and the introduction of fast subroutines in commercial system simulation software. All of these methods require fast but still highly accurate solvers for the particular physical problems. In the case of elastohydrodynamic (EHD) problems, current solvers are either accurate but rather time consuming, or fast but limited to special cases or not precise enough. The key idea of this work is to get a fast and accurate solver for typical highly loaded EHD contact problems by applying model order reduction (MOR) techniques. Thus, the domain of use of the EHD contact problem might be enlarged, for instance to "real time" computations, to be integrated as a black-box module into a multi-model global computational platform or to be used within an optimization loop.

1.2. Literature survey

1.2.1. Elastohydrodynamic Computation

The foundation for a numerical examination of elastohydrodynamic lubrication problems was provided at the end of the 19th century by Reynolds [99] and Hertz [61]. Reynolds derived a scalar equation from the Navier-Stokes equations, describing the flow of a lubricant within a narrow gap. Later on, the equation was named after him in his honor. Prior to this, Hertz provided the theory of the elastic deformation of solids for dry non-conformed contacts. These two theories were combined by Ertel [40] and Grubin [49] for the first time, calculating a film thickness due to a pressure solution of a dry Hertzian contact. Herewith, the contradiction with respect to experimental results of too low film thickness predictions – resulting from neglecting the elasticity of the contacting solids – of well lubricated contact problems was solved. Finally, Petrusevich [95] came up with a coupled solution between film thickness and pressure. Hereby, he indicated the film thickness narrowing and the related pressure spike at the outlet, resulting from a pressure dependent viscosity.

In the following years different strategies were applied in order to solve the elastohydrodynamic contact problem. A typical classification during this time was the differentiation between the inverse and the direct method. The inverse method was introduced by Ertel [40] and applied for a wider range of parameters by Dowson and Higginson [37] and later for the point contact by Evans and Snidle [41]. It uses the Reynolds equation for the calculation of pressure for a given film thickness distribution. The solution is then compared to the solution coming from the elasticity equation and adapted manually until the two solutions fit together. Obviously, this approach requires a fundamental knowledge of the behavior of EHD contacts. In comparison the direct method provides a more straight forward procedure. Hereby, the solution of the Reynolds equation provides a solution for pressure for a given film thickness distribution. The pressure can be used for calculating a new film thickness distribution and so on. This approach was stated by Stephenson and Osterle [102] and later by Hamrock and Jacobson [58] for the line contact, by Hamrock and Dowson [56] for the point contact and finally for the more generally circular contact by Chittenden et al. [29]. However, the convergence rate of this method is rather low and the problem gets hard to solve for highly loaded contacts. Recently, Liu [77] presented a direct solver for the transient EHD line contact problem, where the whole problem is set as a band structured equation system leading to a low numerical complexity.

A big step was done by Lubrecht [79, 81], who applied the multigrid method [21, 43] to the EHD line and point contact problem. With a further improvement of Venner [112], integrating a distributive relaxation scheme, this method shows stable and good convergence rates for lowly loaded as well as for highly loaded contacts. A further improvement was achieved by introducing the multilevel multi-integration technique by Brandt and Lubrecht [22], which decreases the computational costs of solving the elasticity equation given as an integral. All these methods are working with a weak coupling between Reynolds equation and film thickness equation, which means that they are solved separately, leading to a tendency to low convergence rates. Another approach is a strong coupling using the Newton-Raphson scheme for solving the problem as one equation system. This method was introduced by Okamura [91] and improved by Houpert and Hamrock [67] four years later.

In all the above mentioned methods, finite differences are used to discretize the Reynolds equation. For point contact problems there are always limitations in the freedom of topology of the grid, even for adaptive non-equidistant schemes as in [48]. These limitations can be avoided by using the Finite Element Method instead. At first, this method was applied for the line contact by Taylor and O'Callaghan [105] and Rohde and Oh [101] and for the point contact problem by Oh and Rohde [89] and more recently also for the elasticity part by Habchi [50], Habchi et al. [53].

In general the fluid-structure interaction of the EHD contact problem can be solved with a partitioned or a monolithic approach. The partitioned approach permits a very fast computation of each iteration, since no global matrix inversion is required. However, the convergence rate is rather low, which implies a large number of required iterations. On the other hand, the monolithic approach, the formulation as one equation system, is usually solved using Newton-Raphson-method. Provided that the starting point is close to the solution, the Newton-Raphson method scores with a quadratic convergence rate. Admittedly, the Newton-Raphson-method demands the inversion of the Jacobian matrix in every iteration. While the part of the Jacobian matrix representing the Reynolds equation is sparse and only has to be computed on the contacting surface, the size and the form of the Jacobian for the elasticity part depends on the treatment of the elasticity with halfspace theory or a direct discretization of the corresponding momentum balance. With the first method the elasticity equation only has to be computed on the contacting surface, resulting in less degrees of freedom. However, the resulting flexibility matrix is fully populated. So, the efficiency is strongly dependent on the size of the problem. On the other side, the latter method yields a sparse stiffness matrix, which is given on a domain with one dimension more than the contacting area. Thus, a much larger amount of degrees of freedom is required. In conclusion, the inversion of the resulting Jacobian is rather expensive.

With the increasing performance of computers, there are more and more studies about transient phenomena. The squeeze film problem, the impact of two lubricated bodies often refered to as normal approach, was the first transient effect considered in EHD [30, 31, 60, 72]. The next advances towards transient EHD were done by the examination of dynamical loading and rough surfaces, where the entrainment motion plays an additional role. The first results of a coarse point contact problem with dynamical loading [90], a general transient approach for line contacts by Ai and Zheng [3], Ai and Yu [5] and a relative lightly loaded line contact problem [6, 26, 73, 74] including surface roughness were improved to finer grids and higher loads by the integration of multigrid techniques into transient EHD [112]. In the following years, detailed examinations on rough surfaces were done by Ai and Cheng [1, 2, 4] and by Venner and Lubrecht [78, 80, 107–109, 111, 113, 114, 116] using multigrid techniques. Transient effects play also an important role at the consideration of a reversal of the mean surface velocity [47, 48, 64, 66, 83], where the remaining fluid film at the reversal point cannot be predicted by a quasi-stationary approch. Recently, the transient EHD point contact problem was validated for a harmonic excitation, an impact load [115] and the start-up behavior [96].

The large computational expenses of transient EHD problems have lead to various approaches simplifying the problem. In order to get an approximation of the input-output behavior of a large-scaled system, basically three different approaches can be applied. The first approach can be summarized under the term data-fitting. Hereby, unbeatable fast solutions can be achieved, since the solution follows directly from a look-up table interpolation or the evaluation of a low dimensional fitting function. However, no physics are considered anymore, which could lead to high errors if a special feature of a system is not covered by the fitting points. Besides, the handling of data-fitting methods might become very tedious for a larger number of input parameters. In the area of EHL, typically design charts of central and minimum film thickness subject to a small number of comparison parameters are created [38, 57, 110]. Usual parameter sets herefore are the Hamrock and Dowson parameters [56] or the Moes parameters [84, 85].

Another group are semi-analytical systems or analytical solutions. Their derivation is based on simplifications of the physical system. Thus, a deep understanding of the underlying physical system is required in order to evaluate the validity of the assumptions. In consequence, usually only special cases are covered accurately.

One method within this group is the approximation of the dynamical behavior of an elastohydrodynamic contact by linear stiffness and damping coefficients [118, 120]. However, this approach neglects the effects due to the nonlinearity of the problem. Other procedures generate semi-analytical or analytical models, which approximate for example surface roughnesses [65] or film thickness fluctuations due to a variable load [45, 86] of the full nonlinear behavior of an EHD contact. In order to overcome the restriction of being able to consider either a lowly loaded or a highly loaded contact, recently an alternative approach was introduced in [119].

Finally, a last group are model order reduction techniques. Their reduction takes place on a mathematical level and not on a physical one. Thus, the complexity of the underlying physics is not restricted a priori. The first successful attempts were done by [52] for the line contact and by [51] for the point contact. However, here the system still remains of large scale, since only the linear part of the problem, the elasticity equation, was reduced.

1.2.2. Model Order Reduction

With the tremendous increase of computing capacity, the examined systems are getting more and more complex. However, often a full calculation is not feasible if a complex problem has to be calculated very often, as in optimization problems, or has to be calculated in real time with a strong restriction in computer performance, as for example in process control computers or system simulation. Fortunately, often the input-output behavior of such a system is much less complex than the system itself. In this case, a compact model with almost the same input-output behavior as the complex system can be derived using adequate model order reduction techniques.

Basically, the methods of model order reduction can be classified into three categories [9]: The methods based on Krylov subspaces, the ones based on a singular value decomposition (SVD) and finally a combination of these two procedures.

The first category is mainly represented by the two most spreaded algorithms introduced by Lanczos [71] and Arnoldi [11]. However, as well as balanced truncation [46], which is based on the Hankel singular values, they are restricted to linear systems.

The Empirical Grammians method, which was introduced by Lall et al. [70] and enhanced by Hahn and Edgar [55], is a generalisation of balanced trunctation to nonlinear systems. Another common model order reduction method for nonlinear systems is the Proper Orthogonal Decomposition (POD). Before POD was introduced by Lumley [82], it was already known as Karhunen-Loève expansion, Principal Component Analysis (PCA) or Empirical Orthogonal Functions (EOF). Actually, the basic idea traces back to Pearson [94] in 1901. An overview over these different methods was given by Antoulas and Sorensen [8] and Antoulas [9]. Besides POD, a related method is the method of Reduced Basis [92]. It is applied onto the weak formulation of a partial differential equation. One requirement is that only the weightings and not the basis functions of the reduced basis are dependent on the parameters. The advantage of this method is the existence of error bounds.

However, for nonlinear dynamical systems, the projection based reduction procedures have the disadvantage that the construction of the reduced system matrices involves computational costs of the size of the corresponding system. In order to reduce these costs, there are mainly two approximating approaches. The first is based on an estimation of the nonlinearity by using only a subset of the nonlinearity. The basis for these kind of methods was provided by [17] known as empirical interpolation method (EIM). Hereby, EIM is applied on the continous level. This approach can be further classified into collocation methods, for example the missing point estimation (MPE) [12, 13] or [75], where only a specified amount of entries are considered, and interpolative methods [23, 24, 27, 28], where the nonlinearity is reconstructed from the specified amount of entries using empirical information.

The second approach tries to approximate the nonlinear system through a weighted combination of reduced systems, coming from a Taylor series expansion of first [97, 98] or second order [35]. This method is called trajectory piece-wise linear (TPWL) or piece-wise polynomial (PWP) method. The originally non-parameterized nonlinear system is expanded to a parameterized form by [7]. Later on, the restriction of linear separable inputs was resolved in [87].

1.3. Outline

In connection to this introduction including a brief literature survey on the computation of EHD contacts and MOR, the second chapter provides the fundamental theory and the modeling towards a reduced EHD system. At first, the EHD contact problem is brought into a MOR-conform form on which the MOR techniques presented in the second part of the second chapter are applied and adapted within the last part. For this, the general transient EHD line and point contact problem is brought into dimensionless form and discretized using standard finite differences and numerical integration schemes. The resulting nonliner system of equations is solved in a monolithic approach using the Newton-Raphson method. Next, the reduction procedure is presented consisting of a Galerkin projection onto a smaller subspace and a system approximation based on a replacement of the reduced system function and its Jacobian by less complex surrogates.

The third chapter deals with the stationary EHD contact problem which can be seen as a parametrical problem. The first part provides a procedure for an automated generation of the reduced EHD systems based on the testing and potential expansion of the current reduced system at randomly chosen sampling points within a specified parameter space. Furthermore, the reduced EHD contact model is extended to Non-Newtonian effects providing a better prediction of friction and film thickness for shear-thinning fluids. As a part of this extension, the Newton-Raphson method is applied to the generalized Reynolds equation for the first time.

The fourth chapter is divided into two parts and covers the transient EHD line contact problem. The first part suggests two new formulations on how to adapt the computational area to the current contact size in order to increase the similarity of the solution space. These are a Eulerian description with remeshing and a formulation in Arbitrary Lagrangian Eulerian (ALE) coordinates. The second part applies and adapts an alternative solution scheme, the Trajectory Piecewise Linear (TPWL) approach, to the transient EHD contact problem.

Finally, a short conclusion on the application of model order reduction onto the EHD contact problem is given followed by some remarks on how the results presented in this thesis can be further extended.

2. Modeling

This chapter is divided into three parts. The first part provides a short overview of typical lubrication regimes. Furthermore, the physical modeling and the computational treatment of the elastohydrodynamic contact problem will be shown. The second part deals with selected methods on the subject of model order reduction, providing the basis of the new reduction procedure for the EHD contact problem which is presented in the last part of this chapter.

2.1. Elastohydrodynamic Lubrication

According to wall paintings, the ancient Egypts already used lubricants in order to decrease the slide and rolling friction of objects in relative motion. Today, a proper lubrication is indispensable in order to ensure an efficient, durable and reliable operation of solid contacts in relative motion. In dependency of the relative velocity, the loading and the loading capacity of the lubricant, different types of contact occur. A well-established classification of lubricated contacts can be done on the basis of the film height: these are the boundary, mixed and fluid film lubrication regimes. In the boundary lubrication regime, there is basically no fluid film and the friction depends on the sliding and deformation of the contacting asperities and other processes like wear. Within the mixed lubrication regime, the fluid film is of the same size as the height of the asperities and thus both asperites and the fluid film are supporting the contact. Finally, in the last regime a full fluid film is formed and no asperities are in contact anymore. Here, the contact forces are based on the hydrodynamics of the lubricant. These regimes are illustrated in figure 2.1 by means of the Stribeck curve [103], where the characteristic curve of the friction coefficient is plotted versus the fluid viscosity, velocity and the reciprocal of the load. Within the boundary lubrication regime, the friction coefficient remains at a relatively high level. It decreases rapidly, when the fluid film is successively built up within the mixed lubrication regime. In the hydrodynamic regime, the friction grows gradually with increasing shear rates due to the viscosity of the lubricant. Within this work, only the hydrodynamic regime is considered, where a full fluid film is established.

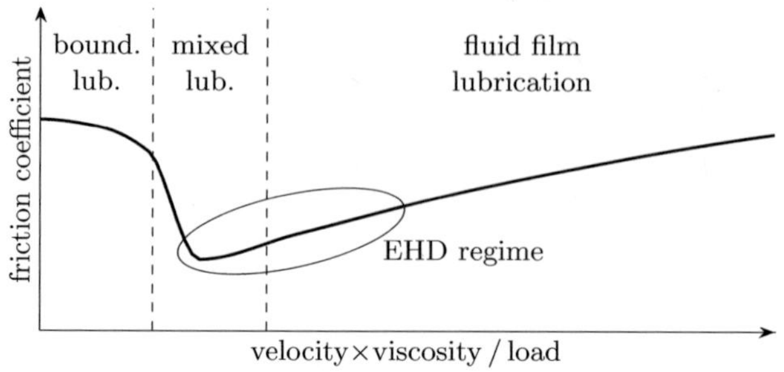

Figure 2.1.: Stribeck curve

Typically, a lubricated contact is further classified into a conformal and a non-conformal contact. The first is distinguished by low fluid pressures distributed over a large contact area. In contrast, the latter is characterized by high fluid pressures acting on a relatively small contact area, so that the deformation of the contacting bodies is no longer negligible. In consequence it is referred to as elastohydrodynamic (EHD) contact. Figure 2.2 illustrates typical film thickness and pressure profiles of EHD contacts within a wide range of loading conditions. Increasing the load towards infinity, the dry Hertzian contact [61] can be seen as a limiting case for the EHD contact. This means, that highly loaded EHD contacts always resemble the shape of a dry Hertzian contact. Therewith, highly loaded EHD contacts have a high similarity to each other. This motivates the approach of projection based model order reduction onto the elastohydrodynamic contact problem.

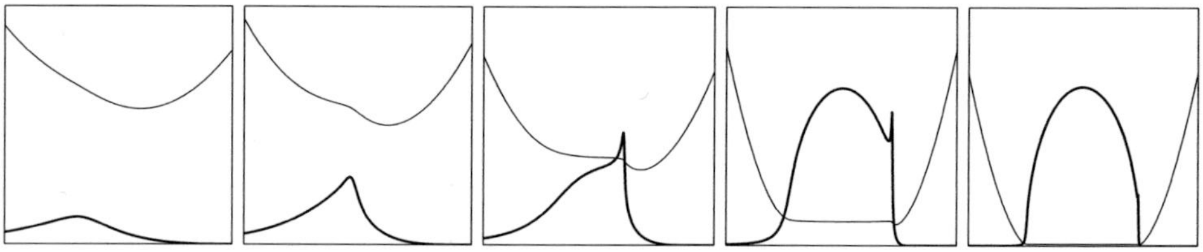

Figure 2.2.: Transition through elastohydrodynamic regime from the limiting case of hydrodynamic lubrication (left) to the limiting case of the dry Hertzian contact (right). The thin line depicts the film thickness, the bold one the fluid pressure profile.

In the following, the mathematical formulations for an EHD point and line contact for the transient and stationary case are presented. The governing equations are the Reynolds equation, the elasticity equation and the load balance. Here, the Reynolds equation gives the pressure of the lubricant within a narrow gap, the elasticity equation contains the deformation of the contacting bodies, and the load balance ensures the Newton's law of motion. Additionally, some constitutive relations are given in order to describe the rheology of the lubricant. Furthermore, the procedure of nondimensionalization and discretization will be shown. Finally, the problem will be formulated as one system of nonlinear equations.

2.1.1. Reynolds equation

The Reynolds equation was derived in 1886 by Osborne Reynolds [99] as a simplification of the Navier-Stokes equations. It describes the fluid flow in a narrow gap between the moving surfaces of two solid bodies. In this context, narrow means that the film thickness is much smaller than the sizes across the film. Here, volume forces and inertia of the Newtonian fluid are considered as negligible in comparison to the viscous forces. Furthermore, a laminar flow with no-slip boundary conditions is assumed in addition to a constant fluid density and viscosity in film thickness direction. Arranging the coordinate system such that the z-direction is normal to the contact plane and the surfaces move in x-direction and assuming that there is no deformation of surfaces in x-direction, the Reynolds equation is given by

$$\frac{\partial}{\partial x}\left(\frac{\rho h^3}{12\eta}\frac{\partial p}{\partial x}\right)+\frac{\partial}{\partial y}\left(\frac{\rho h^3}{12\eta}\frac{\partial p}{\partial y}\right)-u_m\frac{\partial \rho h}{\partial x}-\frac{\partial \rho h}{\partial t}=0, \tag{2.1}$$

where t is the time and $u_m = \frac{1}{2}(u_1 + u_2)$ the mean surface velocity. The properties p, ρ, η and h are the fluid pressure, density, viscosity and film thickness, respectively. The film thickness is given by the so-called film thickness equation

$$h = h_0 + \frac{x^2+y^2}{2R} + \delta, \tag{2.2}$$

which contains the rigid body displacement h_0, the shape of the undeformed contact geometry and the elastic deformation $\delta(x, y)$. Here, for the undeformed shape two rotationally symmetric paraboloids contacting in their origin with the local radii of curvature R_1 and R_2 are used. An equivalent composition can be given by one paraboloid with reduced radius of curvature R interacting with a rigid plane [68]. The reduced radius can be calculated by:

$$R = \left(\frac{1}{R_1}+\frac{1}{R_2}\right)^{-1}. \tag{2.3}$$

Figure 2.3 illustrates the two equivalent configurations of an EHD contact using the example of a line contact. Since the Reynolds equation is a partial differential equation, the problem has to be solved as a boundary value problem on compu-

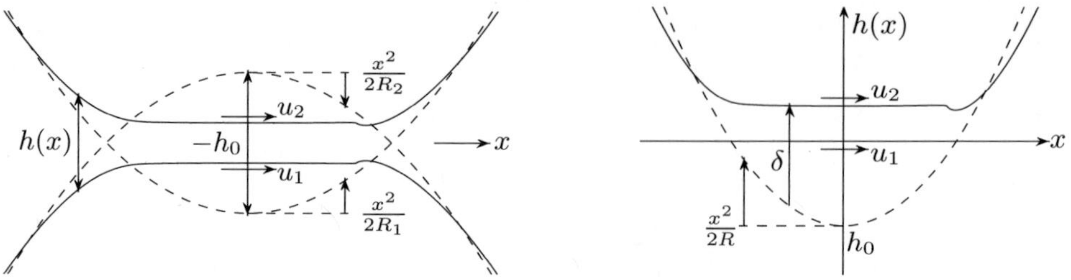

Figure 2.3.: Equivalent configurations of the contact with two elastic bodies (left) and the reduced contact with one effective elastic body acting on a rigid plane (right)

tational domain Ω with boundary $\partial\Omega$. Here as a boundary condition for pressure the ambient pressure or zero pressure is used:

$$p(x, y, t) = 0, \ \forall t \geq t_0 \text{ and } \forall\{x, y\} \in \partial\Omega. \tag{2.4}$$

For the calculation the offset in pressure is arbitrary, since the pressure only occurs in derivative form. Nevertheless, the zero boundary condition is reasonable, since the ambient pressure is much smaller than the usual contact pressures. For the transient problem, the initial condition $p(x, y, t_0) = p_0(x, y)$ is required additionally. In the case of a line contact problem there is no variation in y-direction. Thus the second term in (2.1) disappears. Detailed derivations of the Reynolds equation can be found in e.g. [59] or [104].

2.1.2. Elasticity equation

The fluid pressure following from (2.1) entails a deformation normal to the contact plane on each of the two bodies. Since the contacting area is usually much smaller than the extension of the contacting bodies, they can be modeled as halfspaces. For sake of simplicity, the two linear elastic bodies with Young's modulus E_1 and E_2 and Poisson ratio ν_1 and ν_2 are reformulated as one effective halfspace with effective Young's modulus

$$E' = 2\left(\frac{1-\nu_1^2}{E_1} + \frac{1-\nu_2^2}{E_2}\right)^{-1}. \tag{2.5}$$

acting on a flat rigid body. The deformation of the effective halfspace equals $\delta = \delta_1 + \delta_2$ and can be given for the point contact by the Boussinesq equation [19]

$$\delta(x, y) = \frac{2}{\pi E'} \int_{-\infty}^{+\infty} \int_{-\infty}^{+\infty} \frac{p(x', y')\,\mathrm{d}x'\mathrm{d}y'}{\sqrt{(x-x')^2 + (y-y')^2}}. \tag{2.6}$$

and for the line contact by Flamant [44]

$$\delta(x) = -\frac{2}{\pi E'} \int_{-\infty}^{+\infty} p(x') \ln\left((x - x')^2\right) \mathrm{d}x' + C. \tag{2.7}$$

In general, the integration constant C is unknown. However, if the deformation at one position of the contact is known, it can be calculated. Nevertheless, in order to avoid this problem, the constant C is added to the likewise unknown rigid body displacement h_0 from the film thickness equation (2.2). Thus for the line contact problem, the reformulation reads:

$$h_0 := h_0 + C \text{ and } \delta := \delta - C. \tag{2.8}$$

Detailed information on the theory of half-spaces and the derivation of fundamental solutions on them can be found in e.g. [68] or [104].

2.1.3. Load balance

The fluid pressure and the deformation are covered by the Reynolds and the elasticity equation, respectively. Usually, the remaining unknown is either the load w or the rigid body displacement h_0. In both cases, the load balance is introduced as additional equation:

$$w = \int_{\Omega} p(A)\,\mathrm{d}A, \tag{2.9}$$

where the variable of integration $\mathrm{d}A$ is either $\mathrm{d}x$ or $\mathrm{d}x\mathrm{d}y$ depending on the contact form. Within this work, the rigid body displacement is considered as unknown.

2.1.4. Lubricant Properties

In an EHD contact, where large and low pressures occur simultaneously, it is not approvable anymore to assume the fluid density and viscosity to be constant. In a first step, there are models introducing a dependency on pressure. A common way to describe the pressure dependency on the density is the formula of Dowson and Higginson [38]:

$$\rho = \rho_0 \frac{5.9 \cdot 10^8 + 1.34p/\mathrm{Pa}}{5.9 \cdot 10^8 + p/\mathrm{Pa}}. \tag{2.10}$$

Thereby the parameter ρ_0 is the density at ambient pressure.

For the relation between pressure and viscosity there are a lot of approaches. One of the oldest is the approach of Barus [18],

$$\eta\,(p) = \eta_0 \exp\,(\alpha p), \tag{2.11}$$

which dates back to 1893. Here, η_0 is the viscosity at ambient pressure and α the viscosity-pressure-coefficient. Due to its simplicity, this relation is still often used. Nevertheless it overestimates the viscosity at high pressure, due to its exponential behavior. An often more realistic choice is the empirical approach after Roelands [100]

$$\eta(p) = \eta_0 \exp\left(\left(\ln\left(\frac{\eta_0}{\mathrm{Pa\,s}}\right) + 9.67\right)\left(-1 + \left(1 + \frac{p}{p_{Roe}}\right)^{z_{Roe}}\right)\right), \tag{2.12}$$

with the dependent parameter $z_{Roe} = \frac{\alpha p_{Roe}}{\ln(\eta_0/\mathrm{Pa\,s})+9.67}$ and the constant $p_{Roe} = 1.96 \cdot 10^8\,\mathrm{Pa}$. An additional dependency of the viscosity on the shear rate will follow in chapter 3.2 about Non-Newtonian fluids.

2.1.5. Cavitation Condition

Providing that the computational domain Ω is large enough and the boundary condition is defined as in (2.4), the Reynolds equation (2.23) will predict negative values for pressure at the outlet region. However, if the fluid pressure drops below the vapor pressure of the liquid, the liquid would cavitate and remain at the vapour pressure. In reality, the fluid film ruptures instead. However, the Reynolds equation assumes that the gap is fully flooded. In order to overcome this phenomena the additional side condition

$$p(x, y, t) \geq 0, \ \forall t \geq t_0 \text{ and } \forall \{x, y\} \in \Omega. \tag{2.13}$$

is introduced. To enforce this condition a Lagrangian multiplier λ is added to the left side of the Reynolds equation (2.1) which yields

$$\frac{\partial}{\partial x}\left(\frac{\rho h^3}{12\eta}\frac{\partial p}{\partial x}\right) + \frac{\partial}{\partial y}\left(\frac{\rho h^3}{12\eta}\frac{\partial p}{\partial y}\right) - u_m\frac{\partial \rho h}{\partial x} - \frac{\partial \rho h}{\partial t} + \lambda = 0, \tag{2.14}$$

In the following, two ways are given to handle the additional unknown. One possibility is to solve the problem as a complementarity problem with complementarity condition

$$p \geq 0, \ \lambda \geq 0, \ p \cdot \lambda = 0. \tag{2.15}$$

This relation indicates that either the pressure or the Lagrangian multiplier has to be zero. Equivalently, the expression (2.15) can be formulated as an implicit function in the form [54]

$$\psi(p, \lambda) = \lambda - \max(\lambda - cp, 0) = 0, \tag{2.16}$$

where c is a positive constant, taking into account different units or sizes of p and λ. The left graph of figure 2.4 illustrates the complementary relation between λ and p in showing these combinations of λ and p satisfying (2.15) and (2.16).

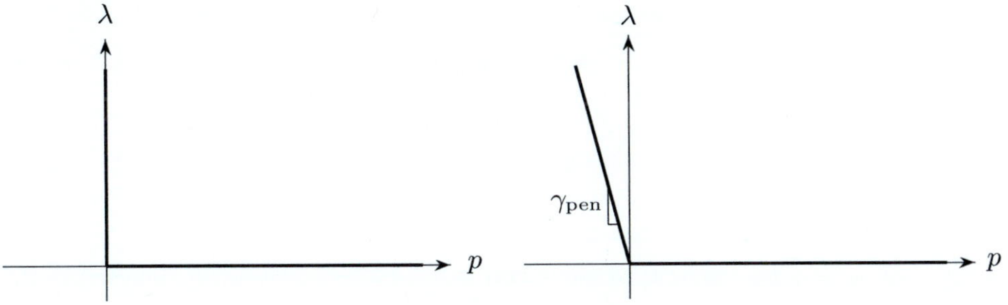

Figure 2.4.: Treatment of the inquality constraint as a complementarity problem (left) and as a regularisation using the Penalty method (right)

An alternative approach to handle the side inequality constraint is the use of the penalty method, which was first applied onto an EHD contact problem in [121]. It consists of the regularisation of the Lagrangian multiplier by setting

$$\lambda(p) := -\gamma_{\text{pen}} \min(p, 0), \tag{2.17}$$

while γ_{pen} is an arbitrary large positive number. The graph on the right of figure 2.4 shows the regularised relation between p and λ. Therewith, the constraint is not fulfilled exactly but a violation of it is penalized. Hereby, the larger γ_{pen} is chosen the better the constraint is fulfilled. The limiting case for γ_{pen} tending towards infinity is equivalent to the problem formulated as a complementarity problem. However, the stiffness of the problem increases with γ_{pen} leading to growing numerical issues. Since the results for both methods exhibit a consistent behavior and give almost the same results, the less complex formulation using the penalty method is used throughout this work. A formulation as a complementarity problem can be found in the appendix.

2.1.6. Nondimensionalization

The EHD contact problem has at least 5 parameters η_0, E', R, u_m and w and some parameters to describe the viscosity-pressure relation such as α, which are partially dependent on each other. Furthermore, the conditioning of the problem is rather poor, since there are about fifteen orders of magnitude between film thickness and pressure. Thus, in order to reduce the number of parameters and for a better conditioning of the problem the EHD problem is put in dimensionless form. Therefore, a constant reference frame, built up by the problem parameters, is necessary. Since the radius of curvature, the mean surface velocity or the load might be some time dependent function, they are separated into a constant reference value and a time dependent dimensionless function (see e.g. [83]):

$$R(t) = R_{\text{ref}}\bar{R}(t), \tag{2.18}$$

$$u_m(t) = u_{\text{ref}}\bar{u}(t), \tag{2.19}$$

$$w(t) = w_{\text{ref}}\bar{w}(t). \tag{2.20}$$

As the EHD contact tends towards a dry Hertzian contact [61] for high loads, the characteristic parameters of the latter are used as a reference. These are the maximum Hertzian pressure p_H, which is reached at the center or center line of the contact, and the Hertzian radius or half width a, which defines the contact size. They are given as

$$\begin{aligned} p_H &= \frac{3w_{\text{ref}}}{2\pi a^2} = \sqrt[3]{\frac{3w_{\text{ref}}E'^2}{2\pi^3 R_{\text{ref}}^2}}, \quad a = \sqrt[3]{\frac{3w_{\text{ref}}R_{\text{ref}}}{2E'}}, \quad \text{for the point contact, and} \\ p_H &= \frac{2w_{\text{ref}}}{\pi a} = \sqrt{\frac{w_{\text{ref}}E'}{2\pi R_{\text{ref}}}}, \quad a = \sqrt{\frac{8w_{\text{ref}}R_{\text{ref}}}{E'\pi}}, \quad \text{for the line contact.} \end{aligned} \tag{2.21}$$

So the transformation between the dimensioned and the dimensionless framework is defined as:

$$\begin{aligned} &x = aX, \quad y = aY, \quad t = \frac{a}{u_{\text{ref}}}T, \quad p = p_H P, \quad \lambda = \frac{u_{\text{ref}}\rho_0 a}{R_{\text{ref}}}\Lambda \\ &h = \frac{a^2}{R_{\text{ref}}}H, \quad h_0 = \frac{a^2}{R_{\text{ref}}}H_0, \quad \delta = \frac{a^2}{R_{\text{ref}}}\Delta, \quad \rho = \rho_0\bar{\rho}, \quad \eta = \eta_0\bar{\eta} \end{aligned} \tag{2.22}$$

Applying this transformation to the Reynolds equation (2.14), the dimensionless form reads

$$\frac{\partial}{\partial X}\left(\xi\frac{\partial P}{\partial X}\right) + \frac{\partial}{\partial Y}\left(\xi\frac{\partial P}{\partial Y}\right) - \bar{u}\frac{\partial\bar{\rho}H}{\partial X} - \frac{\partial\bar{\rho}H}{\partial T} + \Lambda = 0. \tag{2.23}$$

with the coefficient $\xi(P,H) = \frac{\bar{\rho}(P)H^3}{\bar{\eta}(P)\bar{\lambda}}$ and the parameter $\bar{\lambda} = \frac{12u_{\text{ref}}\eta_0 R_{\text{ref}}^2}{p_H a^3}$. The film thickness equation (2.2) turns into the dimensionless form

$$H = H_0 + \frac{X^2 + Y^2}{2\bar{R}} + \Delta, \tag{2.24}$$

whereas the elastic deflection δ, given in equations (2.6) and (2.7), respectively, yields

$$\Delta = \frac{2}{\pi^2} \int_{-\infty}^{+\infty} \int_{-\infty}^{+\infty} \frac{P(X', Y')\,\mathrm{d}X'\mathrm{d}Y'}{\sqrt{(X - X')^2 + (Y - Y')^2}}, \quad \text{for a point contact and} \tag{2.25}$$

$$\Delta = -\frac{1}{2\pi} \int_{-\infty}^{+\infty} P(X') \ln (X - X')^2 \,\mathrm{d}X', \quad \text{for a line contact.} \tag{2.26}$$

Using the calculation rules of logarithm, equation (2.26) can be reformulated as

$$\Delta = -\frac{1}{\pi} \int_{-\infty}^{+\infty} P(X') \ln |X - X'| \,\mathrm{d}X'. \tag{2.27}$$

Substitution of transformation (2.22) into (2.9), the load balance in dimensionless form becomes

$$\int_{-\infty}^{+\infty} P(X)\,\mathrm{d}X = \frac{\pi \bar{w}}{2}, \quad \text{for a line contact and} \tag{2.28}$$

$$\int_{-\infty}^{+\infty} \int_{-\infty}^{+\infty} P(X, Y)\,\mathrm{d}X\mathrm{d}Y = \frac{2\pi \bar{w}}{3}, \quad \text{for a point contact.} \tag{2.29}$$

The dimensionless form of the properties of the lubricant are following directly by applying transformation (2.22) to the corresponding equation of subsection 2.1.4. Notice that both the dimensionless elasticity equation and the load balance are free of parameters with this transformation. Thus all the physical parameters are gathered in $\bar{\lambda}$. Usually, further parameters are existent in the dimensionless functions $\bar{\rho}$ and $\bar{\eta}$.

2.1.7. Discretization

The problem is discretized in space and time considering only structured grids for the spatial discretization. Therefore, the rectangular computational area Ω is divided into $n_x + 1$ equidistant parts in X-direction with length h_x and $n_y + 1$ in Y-direction with length h_y. Figure 2.5 illustrates the grid on the computational domain Ω. The discrete nodes within the spatial domain are defined by coordinates X_{i_x} and Y_{i_y}, where the partitioning of the nodes into boundary and inner domain can be expressed by:

$$(X_{i_x}, Y_{i_y}) \in \begin{cases} \partial\Omega, & \text{if } i_x \in \{0, n_{x+1}\} \text{ or } i_y \in \{0, n_{y+1}\}, \\ \Omega, & \text{otherwise.} \end{cases} \tag{2.30}$$

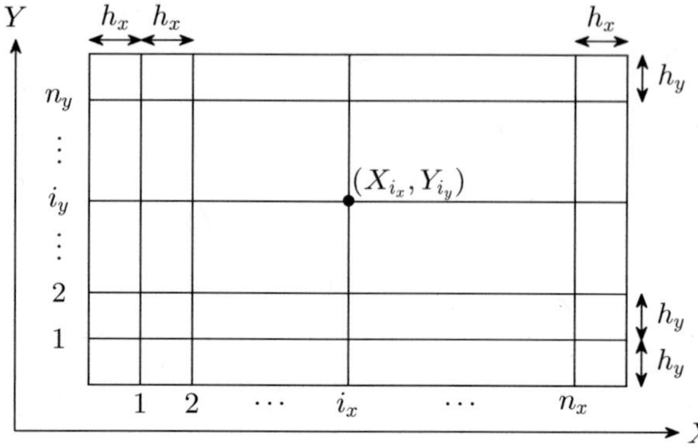

Figure 2.5.: Discretization of computational domain for a point contact

The time integration will be done with an adaptive time stepping scheme as proposed in [48]. The estimation of the local error is effected by comparing the current solution with an extrapolation of two former solutions. The time step size from time step T_{j-1} to T_j is defined as h_{t_j}. The value of a field $\Psi \in \{P, H, \Delta, \Lambda\}$ at the position defined by the indices i_x, i_y and time step j is noted as

$$\Psi_{i_x i_y j} = \Psi(X_{i_x}, Y_{i_y}, T_j).$$

The Reynolds equation with cavitation condition in dimensionless form given by (2.14) will be discretized by finite differences. Its $i_x i_y$-component at time step j is

$$0 = f_{p,i_x i_y j} =$$

$$\left|\frac{\partial}{\partial X}\left(\xi \frac{\partial P}{\partial X}\right)\right|_{i_x i_y j} + \left|\frac{\partial}{\partial Y}\left(\xi \frac{\partial P}{\partial Y}\right)\right|_{i_x i_y j} - \bar{u}\left|\frac{\partial \bar{\rho} H}{\partial X}\right|_{i_x i_y j} - \left|\frac{\partial \bar{\rho} H}{\partial T}\right|_{i_x i_y j} + \Lambda_{i_x i_y j}. \quad (2.31)$$

The derivatives of $f_{p,i_x i_y j}$ are replaced by second order difference quotients. The first two derivatives are

$$\left|\frac{\partial}{\partial X}\left(\xi \frac{\partial P}{\partial X}\right)\right|_{i_x i_y j} = \frac{\xi^{-x}_{i_x i_y j} P_{i_x-1,i_y,j} - (\xi^{-x}_{i_x i_y j} + \xi^{+x}_{i_x i_y j}) P_{i_x i_y j} + \xi^{+x}_{i_x i_y j} P_{i_x+1,i_y,j}}{h_x^2} \quad \text{and}$$

$$\left|\frac{\partial}{\partial Y}\left(\xi \frac{\partial P}{\partial Y}\right)\right|_{i_x i_y j} = \frac{\xi^{-y}_{i_x i_y j} P_{i_x,i_y-1,j} - (\xi^{-y}_{i_x i_y j} + \xi^{+y}_{i_x i_y j}) P_{i_x i_y j} + \xi^{+y}_{i_x i_y j} P_{i_x,i_y+1,j}}{h_y^2}$$

where $\xi^{\pm x}_{i_x i_y j} = \frac{\xi_{i_x \pm 1, i_y, j} + \xi_{i_x i_y j}}{2}$ and $\xi^{\pm y}_{i_x i_y j} = \frac{\xi_{i_x, i_y \pm 1, j} + \xi_{i_x i_y j}}{2}$ for the evaluation point $\xi_{i_x i_y j} = \xi(P_{i_x i_y j}, H_{i_x i_y j})$. For the third part an upwind discretization is necessary to stabilize the discretized system [32]. In order to get a second order upwind difference quotient, the grid points in upstream direction are required, which leads to

$$\left|\frac{\partial \bar{\rho} H}{\partial X}\right|_{i_x i_y j} = \frac{\frac{1}{2}\bar{\rho}_{i_x-2,i_y,j} H_{i_x-2,i_y,j} - 2\bar{\rho}_{i_x-1,i_y,j} H_{i_x-1,i_y,j} + \frac{3}{2}\bar{\rho}_{i_x i_y j} H_{i_x i_y j}}{h_x}, \quad (2.32)$$

with $\bar{\rho}_{i_x i_y j} = \bar{\rho}(P_{i_x i_y j})$. As mentioned above, the time integration will be done with an adaptive time stepping. So, the time step size is not constant. The ratio between time step sizes h_{t_j} and $h_{t_{j-1}}$ of time step j and $j-1$ for the time derivative is defined by

$$r_{t_j} = \frac{h_{t_j}}{h_{t_{j-1}}}. \quad (2.33)$$

Therewith, the second order backward difference quotient for non-equidistant step size is given by

$$\left|\frac{\partial \bar{\rho} H}{\partial T}\right|_{i_x i_y j} = \frac{\frac{r_{t_j}^2}{1+r_{t_j}}(\bar{\rho}H)_{i_x i_y j-2} - (1+r_{t_j})(\bar{\rho}H)_{i_x i_y j-1} + \frac{1+2r_{t_j}}{1+r_{t_j}}(\bar{\rho}H)_{i_x i_y j}}{h_{t_j}}. \quad (2.34)$$

A detailed derivation of formula (2.34) can be found in the appendix. The discrete film thickness equation can be given straightforwardly as

$$H_{i_x i_y j} = H_{0,j} + \frac{X_{i_x j}^2 + Y_{i_y j}^2}{2\bar{R}(t_j)} + \Delta_{i_x i_y j}. \quad (2.35)$$

Finally, the penalty term can be written in discretized dimensionless form as

$$\Lambda_{i_x i_y j} = -\bar{\gamma}_{\text{pen}} \min\left(P_{i_x i_y j}, 0\right), \quad (2.36)$$

where the dimensionless penalty factor is set to $\bar{\gamma}_{\text{pen}} = 10^6$. The discretization of the integrals in the elastic deflection equations (2.25) and (2.27) follows from partitioning Ω into rectangles with mid points $\left(X_{i_x}, Y_{i_y}\right)$, length h_x and width h_y. The pressure over each area is assumed to be constant with size $P_{i_x i_y}$. Therewith, the discretized elastic deflection equation reads

$$f_{\delta, i_x j} = \delta_{i_x} - \sum_{i'_x=1}^{n_x} K_{i_x i'_x} P_{i'_x j} = 0, \qquad \text{for a line contact and} \quad (2.37)$$

$$f_{\delta, i_x i_y j} = \delta_{i_x i_y} - \sum_{i'_x=1}^{n_x} \sum_{i'_y=1}^{n_y} K_{i_x i_y i'_x i'_y} P_{i'_x i'_y j} = 0, \qquad \text{for a point contact.} \quad (2.38)$$

The coefficients $K_{i_x i'_x}$ and $K_{i_x i_y i'_x i'_y}$ are given in an integral form by

$$K_{i_x i'_x} = -\frac{1}{\pi}\int_{X_{i'_x}-\frac{h_x}{2}}^{X_{i'_x}+\frac{h_x}{2}} \ln|X_{i_x} - X'|\,\mathrm{d}X' \text{ and} \tag{2.39}$$

$$K_{i_x i_y i'_x i'_y} = \frac{2}{\pi^2}\int_{X_{i'_x}-\frac{h_x}{2}}^{X_{i'_x}+\frac{h_x}{2}} \int_{Y_{i'_y}-\frac{h_y}{2}}^{Y_{i'_y}+\frac{h_y}{2}} \frac{\mathrm{d}Y'\mathrm{d}X'}{\sqrt{(X_{i_x} - X')^2 + (Y_{i_y} - Y')^2}}. \tag{2.40}$$

Their analytical solution can be found e.g. in [110] for the point contact and in [10] for the line contact. The discrete force balance equation is derived, using the same procedure as for the equations for the elastic deflection applied on (2.28) and (2.29):

$$f_{h_0} = \sum_{i'_x=1}^{n_x} P_{i'_x} - \frac{\pi\bar{w}}{2h_x} = 0, \tag{2.41}$$

$$f_{h_0} = \sum_{i'_x=1}^{n_x}\sum_{i'_y=1}^{n_y} P_{i'_x i'_y} - \frac{2\pi\bar{w}}{3h_x h_y} = 0. \tag{2.42}$$

2.1.8. Monolithic Approach

The equations (2.31), (2.37) or (2.38) and (2.41) or (2.42) will be solved as one equation system using Newton-Raphson method (see also 2.2.1). Therefore, the problem will be described in matrix-vector-form.

For the point contact, the reformulation from two dimensional indexing with i_x and i_y to one dimensional indexing i will be done with the rule

$$i = n_x(i_y - 1) + i_x,\ i \in \{1, \ldots, n\},\ \text{with } n = n_x n_y. \tag{2.43}$$

Thus, the discrete representative of any field given on domain Ω can be written as a vector $\boldsymbol{\psi} = [\psi_1, \ldots, \psi_n]^T$ with elements

$$\psi_i = \psi_{n_x(i_y-1)+i_x} = \Psi_{i_x i_y}. \tag{2.44}$$

Therewith, the boundary values are not contained within the field vectors, even though they are still existant within the system functions. So, the state vector can be expressed for point and line contact likewise as

$$\boldsymbol{z}_j = \left[\boldsymbol{p}_j^T, \boldsymbol{\delta}_j^T, H_{0,j}\right]^T \in \mathbb{R}^{2n+1}, \tag{2.45}$$

with pressure vector $\boldsymbol{p}_j$, deformation vector $\boldsymbol{\delta}_j$ and rigid body displacement $H_{0,j}$. Additionaly, the six parameters α, η_0, E', R_{ref}, u_{ref} and w_{ref}, are summarized in parameter vector $\boldsymbol{\mu} \in \mathbb{R}^d$ with d the number of parameters and the three time dependent functions $\bar{R}$, $\bar{u}$ and $\bar{w}$ in the input function vector

$$\boldsymbol{u}_j = [\bar{R}(t_j), \bar{u}(t_j), \bar{w}(t_j)]^T. \tag{2.46}$$

With this, the problem can be stated as one equation system in the form:

$$\boldsymbol{f}_j(\boldsymbol{z}_j, \boldsymbol{z}_{j-1}, \boldsymbol{z}_{j-2}, \boldsymbol{\mu}, \boldsymbol{u}_j) = \begin{bmatrix} \boldsymbol{f}_{\boldsymbol{p},j}(\boldsymbol{z}_j, \boldsymbol{z}_{j-1}, \boldsymbol{z}_{j-2}, \boldsymbol{\mu}, \boldsymbol{u}_j) \\ \boldsymbol{f}_{\boldsymbol{\delta},j}(\boldsymbol{z}_j) \\ f_{h_0,j}(\boldsymbol{z}_j, \boldsymbol{u}_j) \end{bmatrix} = \boldsymbol{0}, \tag{2.47}$$

with the linear elasticity function $\boldsymbol{f}_{\boldsymbol{\delta},j}(\boldsymbol{z}_j) = \boldsymbol{\delta}_j - \boldsymbol{K}\boldsymbol{p}_j$ containing the flexiblity matrix $\boldsymbol{K} \in \mathbb{R}^{n \times n}$ with entries as given in (2.39) or (2.40) and the load balance equation $f_{h_0,j}(\boldsymbol{z}_j, \boldsymbol{u}_j) = c_{h_0}(\boldsymbol{u}_j) - \boldsymbol{K}_{h_0}\boldsymbol{p}_j$ with the row matrix $\boldsymbol{K}_{h_0} \in \mathbb{R}^{1 \times n}$ filled with ones and the constant c_{h_0}, which is $\frac{2\pi\bar{w}}{3h_x h_y}$ for a point contact and $\frac{\pi\bar{w}}{2h_x}$ for a line contact. Here, $\boldsymbol{f}_{\boldsymbol{p},j} \in \mathbb{R}^n$ corresponds to the discrete Reynolds equation, $\boldsymbol{f}_{\boldsymbol{\delta},j} \in \mathbb{R}^n$ the discrete elasticity equation and $f_{h_0,j} \in \mathbb{R}$ the discrete load balance.

The equation system (2.47) can be soved iteratively using the Newton-Raphson scheme. The solution of the k-th iteration follows directly from solving the linearized system, evaluated at the solution of the previous iteration:

$$\begin{aligned} \boldsymbol{J}_{\boldsymbol{f}^{\mathrm{P}},j}^{(k-1)} \Delta \boldsymbol{z}_j^{(k)} &= -\boldsymbol{f}_j^{(k-1)} \\ \boldsymbol{z}_j^{(k)} &= \boldsymbol{z}_j^{(k-1)} + \omega \Delta \boldsymbol{z}_j^{(k)} \end{aligned} \tag{2.48}$$

Any norm of the residuum $\boldsymbol{f}_j^{(k-1)}$ as well as of the search direction $\Delta \boldsymbol{z}_j^{(k)}$ can be chosen as abort criterion for the iteration scheme.

2.1.9. Verification

This section deals with the verification of the EHD contact model provided above. Therefore, the results of the full system are compared to corresponding results provided in literature. The stationary and transient EHD line contact problem is verified by comparing the results to those given in [45], where the film thickness fluctuations due to a time-varying normal loading are examined. Here, the load is varied harmonically according to

$$w(T) = w_{\text{ref}} \left(1 + A_{\text{ex}} \sin \left(\frac{2\pi}{T_{\text{ex}}} T \right) \right), \tag{2.49}$$

with $A_{\text{ex}} = 0.1$ and $T_{\text{ex}} = 4$. The problem is solved on an equidistant grid with width $-4 \leq X \leq 2$ and step size $\Delta X = 0.005$. The parameters of the underlying stationary state are given in table 2.1. In addition to the results given in [45],

Table 2.1.: Parameters from [45] for EHD line contact problem

parameter	R	u_m	w_{ref}	E'	η_0	α	M	L
unit	mm	m/s	N/mm	GPa	Pa s	1/GPa	-	-
value	22.5	5.0365	646.11	287.8	0.004	22	40	10

the full stationary pressure and film thickness distribution throughout the contact is provided and compared to the results of the current system. Figure 2.6 shows the dimensionless pressure and film thickness distribution within the contact for the stationary case and the evolution of central pressure and film thickness with time due to the harmonic load excitation. Both, pressure and film thickness, are

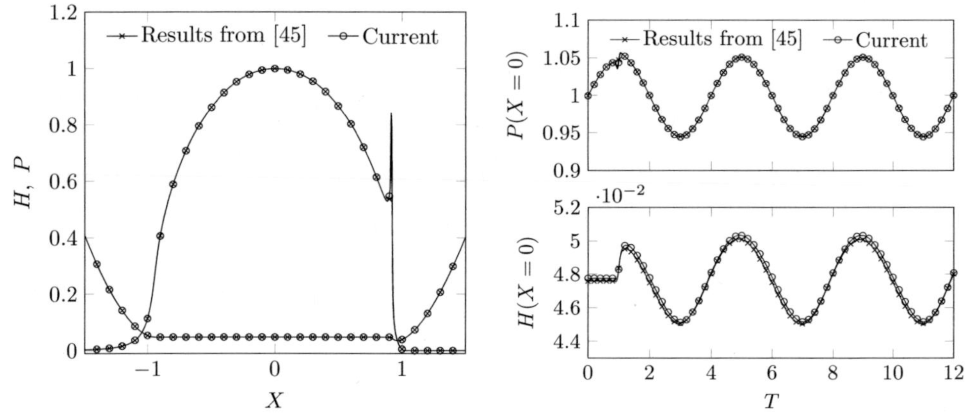

Figure 2.6.: Verification of stationary (left) and transient EHD line contact model with computational results from [45]

in excellent accordance to each other at every spatial position and every instance of time: the difference in film thickness is less than one percent, the conformance of pressure even better.

Moreover, the present model is verified for a stationary point contact problem. Therefore, the model is compared to formerly published results provided in [53], where a new monolithic approach based on the finite element method is compared to the classical finite differences approach solved with a multigrid-multilevel scheme [110]. The parameters of this stationary EHD point contact problem are given in table 2.2. The physical parameters are chosen such that they exhibit the dimensionless Moes parameters M and L. The size of the computational area is defined by $-4 \leq X \leq 2$ and $-2 \leq Y \leq 0$, where a symmetry with respect to

Table 2.2.: Parameters of stationary EHD point contact problem

parameter	R	u_m	w	E'	η_0	α	M	L
unit	mm	m/s	N	GPa	Pa s	1/GPa	-	-
value	~3.4	~0.15	~3.97	~231	0.04	22	200	10

the line $Y = 0$ is assumed. Here, central film thickness $H_c = H|_{X=0,Y=0}$ is taken for the comparison. Table 2.3 lists the particular dimensionless central film thicknesses for different numbers of degrees of freedom. All methods seem to approach

Table 2.3.: Comparison of the resulting dimensionless central film thickness for the point contact problem ($M = 200$, $L = 10$) from [53, 110]

Venner & Lubrecht [110]		Habchi et. al. [53]		current model	
DOF	H_c	DOF	H_c	DOF	H_c
16 770	0.07887	17 727	0.08094	12 383	0.07774
66 306	0.08093	39 512	0.08180	24 683	0.08095
263 682	0.08144	74 810	0.08222	49 283	0.08178

asymptotically a final value of film thickness with increasing number of degrees of freedom. The values resulting from the finest mesh are lying within a range of one percent to each other.

The results clearly show that the proposed full models are well-implemented and are reproducing the underlying physics in a correct way.

2.2. Model Order Reduction

This section gives a short introduction to projection based model order reduction techniques, which are then used to get a reduced model of an EHD contact. The basic idea of model order reduction is that the solution procedure of a system, which has to be calculated very often for different parameters or inputs, can be separated into an offline and an online phase. Thereby, the offline phase covers the generation of a compact model, which provides an adequate approximation of the full system. Then, only the compact model is solved within the online phase. The online speed-up arises from the computational costs of the full system related to the costs of the compact model. Depending on the physical domain and the problem formulation, the speed-up potential goes up to a few thousand meaning that the solution of the reduced system can be achieved a few thousand times faster than the one of the full system.

Within the first part the projection procedure of a nonlinear system is shown, which is solved by Newton-Raphson method. The second part deals with the generation of reduction matrices using Proper Orthogonal Decomposition [63, 117]. Furthermore, the hyperreduction method of Gauss Newton with Approximation Tensor [23, 24] will be introduced. This is a method to reduce the evaluation of the nonlinear system matrices. It is valid for both stationary and transient problems. The last method, the Trajectory Piecewise Linear method [97, 98], is a fast time integration procedure.

2.2.1. Subspace Projection

The most common model order reduction techniques are based on projections. The underlying idea is to map the solution space of a large-scale system to a smaller subspace retaining only the essential information. So, a fast but still accurate input-output behavior can be achieved by the reduced order model (ROM) within a specified area and a specified requirement of accuracy .

The starting point is an arbitrary system defined by a differentiable function $\boldsymbol{f} \in \mathbb{R}^n$ with state vector $\boldsymbol{z} \in \mathbb{R}^n$ given in the form

$$\boldsymbol{f}(\boldsymbol{z}) = \boldsymbol{0}. \tag{2.50}$$

This system can be solved iteratively using the Newton-Raphson scheme. Therefore the system $\boldsymbol{f}$ has to be linearized around $\boldsymbol{z}^{(k)}$:

$$\boldsymbol{f}(\boldsymbol{z}^{(k)}) + \boldsymbol{J_f}(\boldsymbol{z}^{(k)})(\boldsymbol{z} - \boldsymbol{z}^{(k)}) = \boldsymbol{0}, \tag{2.51}$$

where $\boldsymbol{J_f}(\boldsymbol{z}^{(k)}) = \frac{\mathrm{d}\boldsymbol{f}}{\mathrm{d}\boldsymbol{z}}\Big|_{\boldsymbol{z}^{(k)}}$ is the Jacobian of system function $\boldsymbol{f}$. The first step is the approximation of the state vector $\boldsymbol{z}$ by its projection $\tilde{\boldsymbol{z}} \in \mathbb{R}^{\tilde{n}}$ in a trial space spanned by $\boldsymbol{V} \in \mathbb{R}^{n\times\tilde{n}}$, with $\tilde{n} < n$:

$$\boldsymbol{z} \approx \boldsymbol{V}\tilde{\boldsymbol{z}}. \tag{2.52}$$

Introducing this approximation into the linearized form (2.51) yields

$$\boldsymbol{f}(\boldsymbol{V}\tilde{\boldsymbol{z}}^{(k)}) + \boldsymbol{J_f}(\boldsymbol{V}\tilde{\boldsymbol{z}}^{(k)})\boldsymbol{V}(\tilde{\boldsymbol{z}} - \tilde{\boldsymbol{z}}^{(k)}) = \boldsymbol{r}, \tag{2.53}$$

where $\boldsymbol{r}$ is the residuum due to the approximation. The resulting system of equations (2.53) is over-determined, since there are still n equations, but only $\tilde{n}$ unknowns. In order to get a unique solution, the additional condition is set that the residuum has to be orthogonal to a so-called test space spanned by $\boldsymbol{W} \in \mathbb{R}^{n\times\tilde{n}}$:

$$\boldsymbol{W}^T\boldsymbol{r} = \boldsymbol{0}. \tag{2.54}$$

Thus, the reduced linearized system of equations follows from introducing (2.53) into (2.54):

$$\boldsymbol{W}^T\boldsymbol{f}(\boldsymbol{V}\tilde{\boldsymbol{z}}^{(k)}) + \boldsymbol{W}^T\boldsymbol{J_f}(\boldsymbol{V}\tilde{\boldsymbol{z}}^{(k)})\boldsymbol{V}(\tilde{\boldsymbol{z}} - \tilde{\boldsymbol{z}}^{(k)}) = \boldsymbol{0}, \tag{2.55}$$

The projected solution of the following Newton iteration can be determined by solving (2.55) for $\tilde{\boldsymbol{z}}$:

$$\tilde{\boldsymbol{z}}^{(k+1)} = \tilde{\boldsymbol{z}}^{(k)} - \left(\boldsymbol{W}^T\boldsymbol{J_f}(\boldsymbol{V}\tilde{\boldsymbol{z}}^{(k)})\boldsymbol{V}\right)^{-1}\boldsymbol{W}^T\boldsymbol{f}(\boldsymbol{V}\tilde{\boldsymbol{z}}^{(k)}). \tag{2.56}$$

If trial and test space are the same the projection is called Galerkin projection, otherwise it is called a Petrov-Galerkin projection. An illustration of the projection procedure can be found in the first two and the last row of figure 2.7

2.2.2. Proper Orthogonal Decomposition

Proper Orthogonal Decomposition (POD), also called Principle Component Analysis, is a solution based method, considering the m solutions $\boldsymbol{z}_i \in \mathbb{R}^n$. These solutions might come from measurements or from numerical calculations. The principle of POD is to find a set of $\tilde{n}$ orthonormal vectors $\boldsymbol{u}_j$, which approximate the space spanned by the m solutions $\boldsymbol{z_i}$ best in terms of the Euclidean norm. This problem can be expressed by the following constrained optimization problem:

$$\min_{\boldsymbol{u}_1,\cdots,\boldsymbol{u}_{\tilde{n}}\in\mathbb{R}^n} \sum_{i=1}^{m} \left\| \boldsymbol{z}_i - \sum_{j=1}^{\tilde{n}} \left(\boldsymbol{z}_i^T\boldsymbol{u}_j\right)\boldsymbol{u}_j \right\|_2^2, \text{ subject to } \boldsymbol{u}_j^T\boldsymbol{u}_k = \delta_{jk}. \tag{2.57}$$

In order to compute the solution of this optimization problem, it is often rewritten as Lagrange functional [20]

$$\mathcal{L} = \sum_{i=1}^{m} \left\| \boldsymbol{z}_i - \sum_{j=1}^{\tilde{n}} \left(\boldsymbol{z}_i^T \boldsymbol{u}_j \right) \boldsymbol{u}_j \right\|_2^2 + \sum_{j=1}^{\tilde{n}} \sum_{k=1}^{\tilde{n}} \lambda_{jk} \left(\boldsymbol{u}_j^T \boldsymbol{u}_k - \delta_{jk} \right) \tag{2.58}$$

with Lagrange multipliers λ_{jk} for $\{j, k\} \in \{1, \cdots \tilde{n}\}$. The solution of the optimization problem follows from the necessary condition for an extremum:

$$\nabla \mathcal{L}(\boldsymbol{u}_1, \cdots, \boldsymbol{u}_{\tilde{n}}, \lambda_{11}, \cdots, \lambda_{\tilde{n}\tilde{n}}) \overset{!}{=} \boldsymbol{0}, \tag{2.59}$$

where the operator ∇ indicates the gradient of $\mathcal{L}$ including the derivatives of $\mathcal{L}$ with respect to the arguments. The summand of the first part of the Lagrangian functional (2.58) can be reformulated as follows:

$$\begin{aligned} \left\| \boldsymbol{z}_i - \sum_{j=1}^{\tilde{n}} \left(\boldsymbol{z}_i^T \boldsymbol{u}_j \right) \boldsymbol{u}_j \right\|_2^2 &= \left(\boldsymbol{z}_i - \sum_{j=1}^{\tilde{n}} \left(\boldsymbol{z}_i^T \boldsymbol{u}_j \right) \boldsymbol{u}_j \right)^T \left(\boldsymbol{z}_i - \sum_{k=1}^{\tilde{n}} \left(\boldsymbol{z}_i^T \boldsymbol{u}_k \right) \boldsymbol{u}_k \right) \\ &= \boldsymbol{z}_i^T \boldsymbol{z}_i - 2 \sum_{j=1}^{\tilde{n}} \left(\boldsymbol{z}_i^T \boldsymbol{u}_j \right)^2 + \sum_{j=1}^{\tilde{n}} \sum_{k=1}^{\tilde{n}} \left(\boldsymbol{z}_i^T \boldsymbol{u}_j \right) \left(\boldsymbol{z}_i^T \boldsymbol{u}_k \right) \delta_{jk} \\ &= \boldsymbol{z}_i^T \boldsymbol{z}_i - \sum_{j=1}^{\tilde{n}} \left(\boldsymbol{z}_i^T \boldsymbol{u}_j \right)^2 . \end{aligned} \tag{2.60}$$

Therewith, the partial derivative with respect to one of the $\tilde{n}$ orthonormal vectors can be calculated by

$$\begin{aligned} \frac{\partial \mathcal{L}}{\partial \boldsymbol{u}_l} &= \frac{\partial}{\partial \boldsymbol{u}_l} \left(\sum_{i=1}^{m} \left(\boldsymbol{z}_i^T \boldsymbol{z}_i - \sum_{j=1}^{\tilde{n}} \left(\boldsymbol{z}_i^T \boldsymbol{u}_j \right)^2 \right) + \sum_{j=1}^{\tilde{n}} \sum_{k=1}^{\tilde{n}} \lambda_{jk} \left(\boldsymbol{u}_j^T \boldsymbol{u}_k - \delta_{jk} \right) \right) \\ &= -2 \sum_{i=1}^{m} \left(\boldsymbol{z}_i^T \boldsymbol{u}_l \right) \boldsymbol{z}_i^T + 2 \sum_{j=1}^{\tilde{n}} \lambda_{jl} \boldsymbol{u}_l^T = 0 \end{aligned} \tag{2.61}$$

Building the transpose of (2.61) leads to

$$\sum_{i=1}^{m} \boldsymbol{z}_i \left(\boldsymbol{z}_i^T \boldsymbol{u}_l\right) = \sum_{j=1}^{\tilde{n}} \lambda_{jl} \boldsymbol{u}_l. \tag{2.62}$$

With $\boldsymbol{Z} = [\boldsymbol{z}_1, \cdots, \boldsymbol{z}_m]$ and $\lambda_l = \sum_{j=1}^{\tilde{n}} \lambda_{jl}$, this equation can be written in matrix form,

$$\boldsymbol{Z}\boldsymbol{Z}^T \boldsymbol{u}_l = \lambda_l \boldsymbol{u}_l \tag{2.63}$$

representing the eigenvalue problem of $\boldsymbol{Z}\boldsymbol{Z}^T$. Thus the solution of the optimization problem (2.57) corresponds to the singular value decomposition of $\boldsymbol{Z}$, with singular value $\sqrt{\lambda_l}$ and left singular vector $\boldsymbol{u}_l$. The singular value decomposition of $\boldsymbol{Z}$ can be written in the form

$$\boldsymbol{Z} = \boldsymbol{U}\boldsymbol{\Sigma}\boldsymbol{W}^T \tag{2.64}$$

where $\boldsymbol{U} = [\boldsymbol{u}_1, \ldots, \boldsymbol{u}_m]$ is an orthonormal matrix, $\boldsymbol{\Sigma}$ a diagonal matrix with the singular values $\sqrt{\lambda_l}$ with $l \in \{1, \ldots, m\}$ as diagonal entries and $\boldsymbol{W}$ another orthonormal matrix. Thus, the constraint $\boldsymbol{u}_j^T \boldsymbol{u}_k = \delta_{jk}$ is fulfilled by the singular value decomposition a priori. The singular values are ordered by size starting with the largest one. The reduction of POD takes place by truncation using only $\tilde{n}$ of the m left singular vectors corresponing to the $\tilde{n}$ largest singular values. A detailed description on POD in combination with the singular value decomposition can be found in e.g. [63] or [117].

2.2.3. Gauss Newton with System Approximation

The following method is one of the so called hyperreduction procedures, where the reduced system function and its Jacobian are replaced by less complex approximations. It was derived recently by Carlberg [23, 24] in 2011. Figure 2.7 illustrates the projection of a linearized system of equations and the system approximation of the reduced system function and its Jacobian. A possible starting point of the method is a discretized partial differential equation in space, as well as one time step of a fully discretized partial differential equation of space and time using an implicit time integration method. Both can be formulated as

$$\boldsymbol{f}(\boldsymbol{z}, \boldsymbol{\mu}) = 0, \tag{2.65}$$

where $\boldsymbol{f} \in \mathbb{R}^n$ is the system function, $\boldsymbol{z} \in \mathbb{R}^n$ the state vector and $\boldsymbol{\mu} \in \mathbb{R}^d$ the parameter vector. In the case of considering one time step of a dynamical system, $\boldsymbol{f}$ also depends on known previous solutions, which for sake of simplicity are not

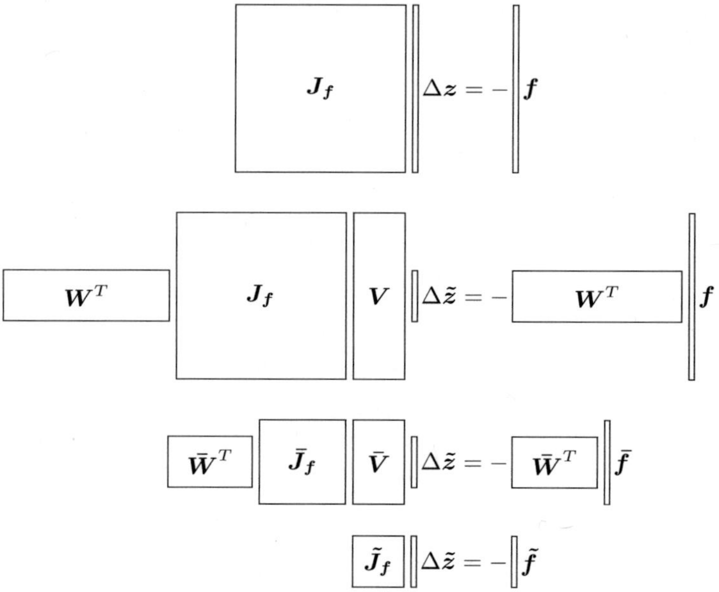

Figure 2.7.: From top to down: Full linearized system, projection of the full linearized system, projection of the linearized system with system approximation and the resulting reduced system

mentioned explicitly here. The reduced iteration scheme, following from projecting the linearized system of (2.65), is equivalent to (2.56):

$$\Delta\tilde{z}^{(k)} = -\left(W^T J_f^{(k)} V\right)^{-1} W^T f^{(k)}, \tag{2.66}$$

$$\tilde{z}^{(k+1)} = \tilde{z}^{(k)} + \Delta\tilde{z}^{(k)}. \tag{2.67}$$

For symmetric positive definite Jacobians the Galerkin projection $W = V$ is optimal [23]. However, nonlinear systems of equations often do not exhibit a symmetric positive definite Jacobian. Hence, an alternative projection was proposed, the so-called Petrov-Galerkin approach,

$$W = J_f^{(k)} V \tag{2.68}$$

setting the test matrix as a matrix product of the Jacobian and the trial matrix. Therewith, the system of equations (2.66)-(2.67) can be written as

$$\Delta\tilde{z}^{(k)} = -\left(J_f^{(k)} V\right)^{+} f^{(k)}, \tag{2.69}$$

$$\tilde{z}^{(k+1)} = \tilde{z}^{(k)} + \Delta\tilde{z}^{(k)}, \tag{2.70}$$

where $(\cdot)^+ = ((\cdot)^T(\cdot))^{-1}(\cdot)^T$ denotes the Moore-Penrose pseudoinverse. As can be read in the appendix, the form (2.69)-(2.70) is equivalent to the least-squares problem:

$$\Delta \bar{z}^{(k)} = \underset{\bar{z}\in\mathbb{R}^{\hat{n}}}{\operatorname{argmin}} \left\| \boldsymbol{J}_{\boldsymbol{f}}^{(k)} \boldsymbol{V} \bar{z} + \boldsymbol{f}^{(k)} \right\|_2, \tag{2.71}$$

$$\bar{z}^{(k+1)} = \bar{z}^{(k)} + \Delta \bar{z}^{(k)}. \tag{2.72}$$

The operator argmin$(\cdot)$ gives back the argument at which $(\cdot)$ is minimized.

The idea of the hyperreduction or system approximation is based on the discrete empirical interpolation method (DEIM) [28]. In fully discretized form, discretization in space and time, the fundamental system for DEIM can be written as:

$$\boldsymbol{A}\boldsymbol{z} + \boldsymbol{f}(\boldsymbol{z}) = \boldsymbol{0}, \tag{2.73}$$

where $\boldsymbol{z}$ is the state, $\boldsymbol{A}$ the Jacobian of the linear part of the nonlinear system and $\boldsymbol{f}$ any nonlinear function. The idea of DEIM is that the nonlinear function $\boldsymbol{f}$ can be interpolated by a subset of $\boldsymbol{f}$ meaning that only the subset of $\boldsymbol{f}$ has to be calculated within the online phase. Therefore, the nonlinear function is evaluated at a specified set of solutions $\boldsymbol{z}$ of the nonlinear system (2.73). The application of POD onto this set of nonlinear function evaluations provides the basis for the approximation of $\boldsymbol{f}$. Therewith, the approximation of nonlinear function $\boldsymbol{f}$ is given as

$$\boldsymbol{f} \approx \boldsymbol{\Phi}_{\boldsymbol{f}} \left({}_{\mathcal{I}}\boldsymbol{\Phi}_{\boldsymbol{f}}\right)^{-1} {}_{\mathcal{I}}\boldsymbol{f}, \tag{2.74}$$

where $\boldsymbol{\Phi}_{\boldsymbol{f}} \in \mathbb{R}^{n\times\hat{n}}$ is the POD basis for $\boldsymbol{f}$ and $\mathcal{I}$ is a set of the indices of the $\hat{n}$ most important equations of $\boldsymbol{f}$. In general, the solutions used for the function evaluations for the POD of $\boldsymbol{f}$ are the same as the snapshots for the POD in order to get $\boldsymbol{V}$. However, other than the system (2.73) for the DEIM, the present system (2.65) has no linear part. Thus, an evaluation of the nonlinear function at a solution of the system is just zero. In order to adapt the hyperreduction to a system in the form (2.65), not only the nonlinear function, but also its Jacobian are approximated:

$$\boldsymbol{f} \approx \boldsymbol{\Phi}_{\boldsymbol{f}} \tilde{\boldsymbol{f}}, \tag{2.75}$$

$$\boldsymbol{J}_{\boldsymbol{f}} \boldsymbol{V} \approx \boldsymbol{\Phi}_{\boldsymbol{J}} \tilde{\boldsymbol{J}}. \tag{2.76}$$

Furthermore, the snapshots for the POD bases $\boldsymbol{\Phi}_{\boldsymbol{f}} \in \mathbb{R}^{n\times\hat{n}}$ and $\boldsymbol{\Phi}_{\boldsymbol{J}} \in \mathbb{R}^{n\times\hat{n}}$ are not only gathered at the solutions itself but also for every Newton iteration $\boldsymbol{f}(\boldsymbol{V}\bar{z}_j^k)$ and $\boldsymbol{J}_{\boldsymbol{f}}(\boldsymbol{V}\bar{z}_j^k)\boldsymbol{V}\Delta\bar{z}_j^k$, respectively [23]. The $\hat{n} \ll n$ weightings of $\tilde{\boldsymbol{f}} \in \mathbb{R}^{\hat{n}}$ and of $\tilde{\boldsymbol{J}} \in \mathbb{R}^{\hat{n}\times\tilde{n}}$ follow from solving the system of equations of gappy surrogates of (2.75) and (2.76) at the $\hat{n}$ rows specified by the indices given in set $\mathcal{I}$:

$$ {}_{\mathcal{I}}\boldsymbol{f} = {}_{\mathcal{I}}\boldsymbol{\Phi}_{\boldsymbol{f}}\tilde{\boldsymbol{f}} \tag{2.77} $$

$$ {}_{\mathcal{I}}\boldsymbol{J}_{\boldsymbol{f}}\boldsymbol{V} = {}_{\mathcal{I}}\boldsymbol{\Phi}_{\boldsymbol{J}}\tilde{\boldsymbol{J}} \tag{2.78} $$

Details on how to determine $\mathcal{I}$ can be found in e.g. [23]. Usually, $\boldsymbol{f}$ results from a partial differential equation discretized with a local discretization method as for example finite elements or finite differences. Hereby, each row of $\boldsymbol{f}$ is only dependent on the state variables in its neighborhood. Thus, having only a few rows of $\boldsymbol{f}$, only a few state variables are required in order to determine the low scale surrogates ${}_{\mathcal{I}}\boldsymbol{f}$ and ${}_{\mathcal{I}}\boldsymbol{J}_{\boldsymbol{f}}$. The corresponding indices are collected in set $\mathcal{J}$. By this, the evaluation costs of the left side of equation (2.78) can be further reduced by

$$ {}_{\mathcal{I}}\boldsymbol{J}_{\boldsymbol{f}}\boldsymbol{V} = {}_{\mathcal{I}}^{\mathcal{J}}\boldsymbol{J}_{\boldsymbol{f}}\,{}_{\mathcal{J}}\boldsymbol{V}. \tag{2.79} $$

Therewith, the least-squares problem (2.71) is approximated by:

$$ \Delta\tilde{\boldsymbol{z}} = \underset{\tilde{\boldsymbol{z}}\in\mathbb{R}^{\tilde{n}}}{\operatorname{argmin}} \left\| \boldsymbol{\Phi}_{\boldsymbol{J}}\tilde{\boldsymbol{J}}\tilde{\boldsymbol{z}} + \boldsymbol{\Phi}_{\boldsymbol{f}}\tilde{\boldsymbol{f}} \right\|_2 \tag{2.80} $$

$$ = \underset{\tilde{\boldsymbol{z}}\in\mathbb{R}^{\tilde{n}}}{\operatorname{argmin}} \left\| \boldsymbol{\Phi}_{\boldsymbol{J}}\,{}_{\mathcal{I}}\boldsymbol{\Phi}_{\boldsymbol{J}}^{-1}\,{}_{\mathcal{I}}\boldsymbol{J}_{\boldsymbol{f}}\boldsymbol{V}\tilde{\boldsymbol{z}} + \boldsymbol{\Phi}_{\boldsymbol{f}}\,{}_{\mathcal{I}}\boldsymbol{\Phi}_{\boldsymbol{f}}^{-1}\,{}_{\mathcal{I}}\boldsymbol{f} \right\|_2 \tag{2.81} $$

$$ = \underset{\tilde{\boldsymbol{z}}\in\mathbb{R}^{\tilde{n}}}{\operatorname{argmin}} \left\| \boldsymbol{\Phi}_{\boldsymbol{J}}\,{}_{\mathcal{I}}\boldsymbol{\Phi}_{\boldsymbol{J}}^{-1}\,{}_{\mathcal{I}}^{\mathcal{J}}\boldsymbol{J}_{\boldsymbol{f}}\,{}_{\mathcal{J}}\boldsymbol{V}\tilde{\boldsymbol{z}} + \boldsymbol{\Phi}_{\boldsymbol{f}}\,{}_{\mathcal{I}}\boldsymbol{\Phi}_{\boldsymbol{f}}^{-1}\,{}_{\mathcal{I}}\boldsymbol{f} \right\|_2. \tag{2.82} $$

Hereby, only the low-scale surrogates ${}_{\mathcal{I}}\boldsymbol{f}$ and ${}_{\mathcal{I}}^{\mathcal{J}}\boldsymbol{J}_{\boldsymbol{f}}\,{}_{\mathcal{J}}\boldsymbol{V}$ have to be evaluated in every iteration. Therefore, only the state variables ${}_{\mathcal{J}}\boldsymbol{V}\tilde{\boldsymbol{z}}$ are required. A detailed study of this method can be found in [23, 24].

2.2.4. Trajectory Piecewise Linear Method

The trajectory piecewise linear method has its origin in the field of electrical circuits and was derived for nonlinear, nonparametrized dynamical systems with linear input [97, 98] of the form

$$ \frac{\mathrm{d}}{\mathrm{d}t}\boldsymbol{g}(\boldsymbol{z}) = \boldsymbol{f}(\boldsymbol{z}) + \boldsymbol{B}(\boldsymbol{z})\boldsymbol{u}, \tag{2.83} $$

with state vector $\boldsymbol{z} \in \mathbb{R}^n$, system functions $\boldsymbol{f}, \boldsymbol{g} \in \mathbb{R}^n$, input vector $\boldsymbol{u} \in \mathbb{R}^m$ and a generally state-dependent input matrix $\boldsymbol{B} \in \mathbb{R}^{n\times m}$.

The idea is to replace the nonlinear dynamical system by an adequately weighted sum of reduced linearized systems. Therefore, system (2.83) is linearized around

s different operating points and each linearized system is reduced by projection matrices $\boldsymbol{V}$ and $\boldsymbol{W}$ with reduced state vector $\tilde{\boldsymbol{z}}$ as described in subsection 2.2.1. The result reads

$$\frac{\mathrm{d}}{\mathrm{d}t}\sum_{i=0}^{s-1} w_i\left(\tilde{\boldsymbol{g}}_i - \tilde{\boldsymbol{J}}_{\boldsymbol{g},i}(\tilde{\boldsymbol{z}} - \tilde{\boldsymbol{z}}_i)\right) = \sum_{i=0}^{s-1} w_i\left(\tilde{\boldsymbol{f}}_i - \tilde{\boldsymbol{J}}_{\boldsymbol{f},i}(\tilde{\boldsymbol{z}} - \tilde{\boldsymbol{z}}_i) + \tilde{\boldsymbol{B}}_i\boldsymbol{u}\right), \tag{2.84}$$

where

$$\begin{aligned} \tilde{\boldsymbol{g}}_i &= \boldsymbol{W}^T\boldsymbol{g}(\boldsymbol{V}\tilde{\boldsymbol{z}}_i), & \tilde{\boldsymbol{J}}_{\boldsymbol{g},i} &= \boldsymbol{W}^T\boldsymbol{J}_{\boldsymbol{g}}(\boldsymbol{V}\tilde{\boldsymbol{z}}_i)\boldsymbol{V}, & w_i &= w_i(\tilde{\boldsymbol{z}}),\\ \tilde{\boldsymbol{f}}_i &= \boldsymbol{W}^T\boldsymbol{f}(\boldsymbol{V}\tilde{\boldsymbol{z}}_i), & \tilde{\boldsymbol{J}}_{\boldsymbol{f},i} &= \boldsymbol{W}^T\boldsymbol{J}_{\boldsymbol{f}}(\boldsymbol{V}\tilde{\boldsymbol{z}}_i)\boldsymbol{V}, & \tilde{\boldsymbol{B}}_i &= \boldsymbol{W}^T\boldsymbol{B}(\boldsymbol{V}\tilde{\boldsymbol{z}}_i) \end{aligned}$$

are the reduced system functions, system matrices and weighting functions. Figure 2.8 illustrates the distribution of operating points along specified training trajectories.

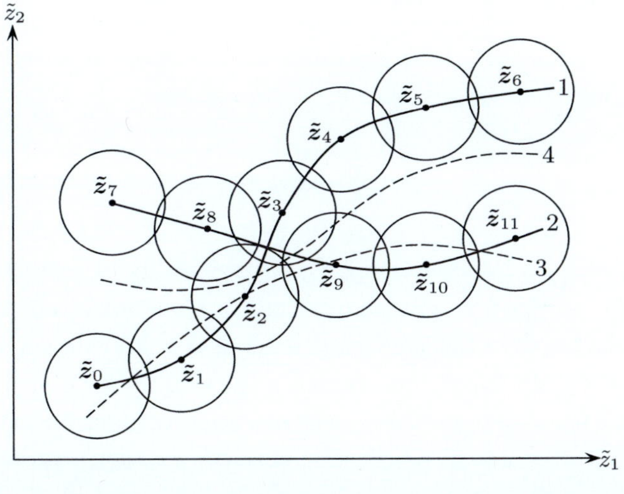

Figure 2.8.: Distribution of $m = 11$ operating points along the training trajectories (1) and (2) and test trajectories (3) and (4) within a two dimensional state space

In order to get the operating points, the full nonlinear dynamical system is calculated for several specified trajectories. The solution $\boldsymbol{z}$ of each time step is checked for fulfilling the condition

$$\min_{j\in\{0,\ldots,s-1\}} \frac{\|\boldsymbol{z} - \boldsymbol{z}_j\|}{\|\boldsymbol{z}_j\|} < \beta, \tag{2.85}$$

where s is the current number of operating points and β some small number. If the condition (2.85) or any modification is not fulfilled, the corresponding operating point is added to the others. For each operating point the reduced linearized system and its solution are stored in the working memory. In order to cope with a variable degree of system nonlinearity and thus reduce the required number of operating points, Tiwary and Rutenbar [106] proposed to use the distances of the reduced Jacobians

$$\frac{\|\tilde{\boldsymbol{J}}_{\boldsymbol{g}} - \tilde{\boldsymbol{J}}_{\boldsymbol{g},j}\|_2}{\|\tilde{\boldsymbol{J}}_{\boldsymbol{g},j}\|_2} \text{ and } \frac{\|\tilde{\boldsymbol{J}}_{\boldsymbol{f}} - \tilde{\boldsymbol{J}}_{\boldsymbol{f},j}\|_2}{\|\tilde{\boldsymbol{J}}_{\boldsymbol{f},j}\|_2} \text{ for } j \in \{0, \cdots, s-1\}, \tag{2.86}$$

additionally. Hereby, a reduced linearized system has to be constructed for every time step, which is computationally more expensive. Another approach suggested to take the material properties and their derivatives of the corresponding physical system, in order to catch the nonlinearity in a faster way [7]. However, this approch is dependent on the underlying physics and will be only valid for a limited number of problems.

For the weighting procedure, the Euclidean distances $\|\tilde{\boldsymbol{z}} - \tilde{\boldsymbol{z}}_i\|$ for $i \in \{1, \ldots, s\}$ between the current solution and the operating points are used. Hereby, smaller distances are corresponding to larger values for the weighting factor. Furthermore, the weighting functions always have to add up to one:

$$\sum_{i=0}^{s-1} w_i = 1. \tag{2.87}$$

Obviously, there is an infinitely number of possibilities on how to weight the linearized systems. In [98] it is pointed out that for a quadratic nonlinearity a rather sharp transition between the particular linearized systems is appropriate. However, in general the weighting procedure has to be tuned for each system by hand. The restriction to nonparametrized systems was overcome by Albunni [7], who proposed the introduction of parameters through an additional weighting procedure.

2.3. Reduction of the EHD Contact Problem

Within this section, for the first time a reduction procedure is applied to the full EHD contact problem including the nonlinear part representing the Reynolds equation by using model order reduction techniques. The first part of this section deals with the generation of global basis functions spanning a low-dimensional basis for the solution space. Within the second part, the projection of the full system to a low-dimensional subspace is shown, which provides a low-dimensional system of linear equations in every Newton iteration. However, the nonlinearity requires an updating of the reduced system function and its Jacobian. While the reduced system can be solved very rapidly, the evaluation costs of the corresponding low-dimensional system matrices are still of large scale. Therefore, the last part provides an approximation of these low-dimensional system matrices which can be generated without any large-scaled operations. As a result, there are no large-scale operations necessary anymore within the online phase.

2.3.1. Basis Functions

The requirement for an accurate and efficient reduced system is the ability to adequately approximate a large-scale solution space by a lower number of basis functions. For nonlinear systems, the fundament of these basis functions are pre-calculated solutions of the large-scale system, called trainings. Advices on how to choose these trainings will be provided in the following sections. Thereby, the m solutions $\{z_1, \ldots, z_m\}$, coming from all time steps of different parameter combinations, are concatenated in snapshot matrices for pressure $\boldsymbol{p}$ and elastic deformation $\boldsymbol{\delta}$ and partitioned afterwards using a singular value decomposition:

$$[\boldsymbol{p}_1, \ldots, \boldsymbol{p}_m] = \boldsymbol{U_p \Sigma_p W_p}^T, \tag{2.88}$$

$$[\boldsymbol{\delta}_1, \ldots, \boldsymbol{\delta}_m] = \boldsymbol{U_\delta \Sigma_\delta W_\delta}^T. \tag{2.89}$$

The matrices $\boldsymbol{U}$ and $\boldsymbol{W}$ are orthonormal, i.e. $\boldsymbol{U}^T = \boldsymbol{U}^{-1}$ and $\boldsymbol{W}^T = \boldsymbol{W}^{-1}$, whereas the matrices $\boldsymbol{\Sigma_p}$ and $\boldsymbol{\Sigma_\delta}$ are diagonal matrices with the singular values $\sigma_{\boldsymbol{p},i}$ and $\sigma_{\boldsymbol{\delta},i}$ for $i \in \{1, \ldots, \min(n,m)\}$ as diagonal elements (see subsection 2.2.2). They are ordered according to amplitude, so that $\sigma_{\boldsymbol{p},1} > \cdots > \sigma_{\boldsymbol{p},\min(n,m)}$ and $\sigma_{\boldsymbol{\delta},1} > \cdots > \sigma_{\boldsymbol{\delta},\min(n,m)}$. The singular values are directly correlated to the information content of their corresponding singular vectors given in $\boldsymbol{U}$, which means that the importance of a singular vector decreases with its singular value. Furthermore, the losses of information $l_p(k)$ and $l_\delta(k)$ are introduced here. They specify the neglected amount of information if only k of the $\min(n,m)$ basis functions are selected. They are defined by:

$$l_p(k) = 1 - \frac{\sum_{i=1}^{k} \sigma_{\boldsymbol{p},i}}{\sum_{i=1}^{\min(n,m)} \sigma_{\boldsymbol{p},i}}, \tag{2.90}$$

$$l_\delta(k) = 1 - \frac{\sum_{i=1}^{k} \sigma_{\boldsymbol{\delta},i}}{\sum_{i=1}^{\min(n,m)} \sigma_{\boldsymbol{\delta},i}}. \tag{2.91}$$

In consequence, the loss of information is one if no basis function is used and zero if all of them are selected. Therewith, the numbers of basis functions are determined such that a specified amount of information of the given basis function is neglected:

$$\tilde{n}_p := \underset{j\in\mathbb{N}}{\operatorname{argmin}} \left(l_p(j) \leq l_{p,\max} \right), \tag{2.92}$$

$$\tilde{n}_\delta := \underset{j\in\mathbb{N}}{\operatorname{argmin}} \left(l_\delta(j) \leq l_{\delta,\max} \right), \tag{2.93}$$

where $l_{p,\max}$ and $l_{\delta,\max}$ are the maximum amount of allowed information loss for pressure or deformation, respectively. The reduction matrices for pressure and film thickness result from truncation of the left singular vector matrices:

$$\boldsymbol{V_p} = {}^{\{1,\ldots,\tilde{n}_p\}}\boldsymbol{U_p} \in \mathbb{R}^{n\times\tilde{n}_p}, \tag{2.94}$$

$$\boldsymbol{V_\delta} = {}^{\{1,\ldots,\tilde{n}_\delta\}}\boldsymbol{U_\delta} \in \mathbb{R}^{n\times\tilde{n}_\delta}. \tag{2.95}$$

Therewith the trial basis matrix consists of:

$$\boldsymbol{V} = \operatorname{diag}\left(\boldsymbol{V_p}, \boldsymbol{V_\delta}, 1\right) \in \mathbb{R}^{\{2n+1\}\times\{\tilde{n}_p+\tilde{n}_\delta+1\}}. \tag{2.96}$$

With this, the number of degrees of freedom of the reduced system will be $\tilde{n} = \tilde{n}_p + \tilde{n}_\delta + 1$. Note that the trial basis $\boldsymbol{V}$ spans an orthogonal basis, which approximates the snapshots best in terms of the Euclidean norm for the given number of basis functions (see subsection 2.2.2).

2.3.2. Subspace Projection

In this section the projection of the linearized system (2.48) to a smaller subspace is shown. The projection is defined by two projection matrices; the trial basis $\boldsymbol{V} \in \mathbb{R}^{\{2n+1\}\times\tilde{n}}$ of $\tilde{n}$ shape functions and the test basis $\boldsymbol{W} \in \mathbb{R}^{\{2n+1\}\times\tilde{n}}$, where $\tilde{n} \ll n$. The projection of system (2.48) is done in two steps:

1. Approximation of the state vector by $\boldsymbol{z}_j \approx \boldsymbol{V}\tilde{\boldsymbol{z}}_j$ with the $\tilde{n}$ weightings given in $\tilde{\boldsymbol{z}}_j$.
2. Orthogonalization with respect to the column vector of test basis $\boldsymbol{W}$.

The method on how to get the trial basis $\boldsymbol{V}$ was presented in the previous section. Here, a Galerkin approach is applied where the test basis is set equal to the trial basis

$$\boldsymbol{W} = \boldsymbol{V}. \tag{2.97}$$

Therewith, the reduced solution scheme follows from (2.48) in the form:

$$\begin{aligned} \boldsymbol{V}^T \boldsymbol{J}_{\boldsymbol{f},j}^{(k-1)} \boldsymbol{V} \Delta \tilde{\boldsymbol{z}}_j^{(k)} &= -\boldsymbol{V}^T \boldsymbol{f}_j^{(k-1)}, \\ \tilde{\boldsymbol{z}}_j^{(k)} &= \tilde{\boldsymbol{z}}_j^{(k-1)} + \omega \Delta \tilde{\boldsymbol{z}}_j^{(k)}, \end{aligned} \tag{2.98}$$

where ω is a damping factor stabilizing the integration scheme if it is chosen to be smaller than one. Note that after projection the necessary matrix inversion is of small size $\tilde{n}$. Nevertheless, the evaluation of the reduced Jacobian and the reduced system function, including several matrix multiplications, is still of large-scale size n.

2.3.3. System Approximation

As stated in the previous section, the evaluations of the particular reduced system matrices are still of large size. This section will cope with the reduction of those costs by replacing the reduced system matrices by adequate approximations. The objective is that no large-scale operation is necessary anymore within one iteration.

In particular, a distinct issue is the need to update the nonlinear part of the reduced system function, the Reynolds equation, and its Jacobian in every iteration. Therefore, the corresponding full matrices have to be set up and projected to its reduced form. A lowering of these costs is achieved by replacing the Reynolds equation and its Jacobian by low-scale surrogates, following from neglecting minor parts of the equation. Hereby, not all n entries of the discretized Reynolds equation are considered but only the $\hat{n} \ll n$ most important. An adaption of the algorithm given in [23] on how to determine the index vector $\mathcal{I}$ of those $\hat{n}$ entries is given in figure 2.9, where the matrices $\boldsymbol{\Phi_R}$ and $\boldsymbol{\Phi_J}$ follow from applying POD on specific snapshots $\boldsymbol{s_R}$ and $\boldsymbol{s_J}$ for the residuum and its derivative for all parameter combinations, all time steps and all Newton iterations:

$$[\ldots, \boldsymbol{s_R}, \ldots] = \boldsymbol{U_R \Sigma_R W_R}^T, \text{ and} \tag{2.99}$$

$$[\ldots, \boldsymbol{s_J}, \ldots] = \boldsymbol{U_J \Sigma_J W_J}^T. \tag{2.100}$$

Input: $\boldsymbol{\Phi_R}$, $\boldsymbol{\Phi_J}$, $\hat{n}$
Output: $\mathcal{I}$

$$
\begin{aligned}
i &= \underset{j\in\{1,\ldots,n\}}{\operatorname{argmax}} \left[\left({}^{\{1\}}_{\{j\}}\boldsymbol{\Phi_R} \right)^2 + \left({}^{\{1\}}_{\{j\}}\boldsymbol{\Phi_J} \right)^2 \right] \\
\mathcal{I} &= \{i\} \\
&\text{for } \bar{n} = 2 : \hat{n} \\
\boldsymbol{a_R} &= \underset{\boldsymbol{a}\in\mathbb{R}^{\bar{n}-1}}{\operatorname{argmin}} \left\| {}^{\{1,\ldots,\bar{n}-1\}}_{\mathcal{I}}\boldsymbol{\Phi_R a} - {}^{\{\bar{n}\}}_{\mathcal{I}}\boldsymbol{\Phi_R} \right\|_2 \\
\boldsymbol{a_J} &= \underset{\boldsymbol{a}\in\mathbb{R}^{\bar{n}-1}}{\operatorname{argmin}} \left\| {}^{\{1,\ldots,\bar{n}-1\}}_{\mathcal{I}}\boldsymbol{\Phi_J a} - {}^{\{\bar{n}\}}_{\mathcal{I}}\boldsymbol{\Phi_J} \right\|_2 \\
\boldsymbol{\varphi_R} &= {}^{\{\bar{n}\}}\boldsymbol{\Phi_R} - {}^{\{1,\ldots,\bar{n}-1\}}\boldsymbol{\Phi_R a_R} \\
\boldsymbol{\varphi_J} &= {}^{\{\bar{n}\}}\boldsymbol{\Phi_J} - {}^{\{1,\ldots,\bar{n}-1\}}\boldsymbol{\Phi_J a_J} \\
i &= \underset{j\in\{1,\ldots,n\}\setminus\mathcal{I}}{\operatorname{argmax}} \left[\left(\varphi_{R_j} \right)^2 + \left(\varphi_{J_j} \right)^2 \right] \\
\mathcal{I} &= \mathcal{I} \cup \{i\} \\
&\text{end}
\end{aligned}
$$

Figure 2.9.: Algorithm to determine $\mathcal{I}$

The choice of the snapshots $\boldsymbol{s_R}$ and $\boldsymbol{s_J}$ depends on the applied method and will be detailed in the following sections. In order to collect those snapshots, the reduced system with the exact reduced system matrices has to be computed beforehand. Hereby, a re-calculation of the available trainings offers an adequate choice. Finally the POD bases result from truncation of the left singular vector matrices:

$$
\boldsymbol{\Phi_R} = {}^{\{1,\ldots,\hat{n}\}}\boldsymbol{U_R} \in \mathbb{R}^{n\times\hat{n}}, \tag{2.101}
$$

$$
\boldsymbol{\Phi_J} = {}^{\{1,\ldots,\hat{n}\}}\boldsymbol{U_J} \in \mathbb{R}^{n\times\hat{n}}. \tag{2.102}
$$

Note that the minimization problems within the loop of the algorithm given in figure 2.9 are of small size and can be computed in a fast way.

Since the Reynolds equation is discretized with the finite differences method, each single equation only depends on a few state variables in the particular neighborhood. Thus, the evaluation of the less complex surrogates of the Reynolds equation and its Jacobian requires only a few state variables, which are combined in the set

$$
\mathcal{J} := \left\{ k \in \{1,\ldots,2n+1\} : \exists l \in \mathcal{I} \text{ with } {}^{\{k\}}_{\{l\}}\boldsymbol{J_{f,j}} \neq 0 \right\}, \tag{2.103}
$$

where $\check{n} = |\mathcal{J}|$ is the number of the required state variables. The operator $|\cdot|$ returns the number of elements of a set. Note that other local discretization schemes as e.g. finite elements lead to the same effect.

The reduced system function and its Jacobian from equation (2.98) can be written out as:

$$\tilde{\boldsymbol{f}} = \begin{bmatrix} {\boldsymbol{V_p}}^T \boldsymbol{f}_{\boldsymbol{p},j}^{(k-1)} \\ {\boldsymbol{V_\delta}}^T \boldsymbol{f}_{\boldsymbol{\delta},j}^{(k-1)} \\ f_{h_0,j}^{(k-1)} \end{bmatrix} \in \begin{bmatrix} \mathbb{R}^{\tilde{n}_p} \\ \mathbb{R}^{\tilde{n}_\delta} \\ \mathbb{R} \end{bmatrix} \quad \text{and} \tag{2.104}$$

$$\tilde{\boldsymbol{J}} = \begin{bmatrix} {\boldsymbol{V_p}}^T \boldsymbol{J}_{\boldsymbol{f}_{\boldsymbol{p},j}}^{(k-1)} \boldsymbol{V} \\ {\boldsymbol{V_\delta}}^T \boldsymbol{J}_{\boldsymbol{f_\delta}} \boldsymbol{V} \\ \boldsymbol{J}_{f_{h_0}} \boldsymbol{V} \end{bmatrix} \in \begin{bmatrix} \mathbb{R}^{\tilde{n}_p \times \tilde{n}} \\ \mathbb{R}^{\tilde{n}_\delta \times \tilde{n}} \\ \mathbb{R}^{1 \times \tilde{n}} \end{bmatrix}. \tag{2.105}$$

The reduced system function and their Jacobian for deformation and load balance are constant and can be computed and stored once within the offline phase. In contrast, the nonlinear part of the reduced system of equations representing the Reynolds equation has to be updated in every Newton iteration. In order to decrease the effort of updating, the nonlinear part of the reduced system function and its Jacobian are replaced by less complex surrogates in the form:

$$\tilde{\boldsymbol{f}}^{\mathrm{I}} = \begin{bmatrix} {}_{\mathcal{I}}{\boldsymbol{V_p}}^T \, {}_{\mathcal{I}}\boldsymbol{f}_{\boldsymbol{p},j}^{(k-1)} \\ {\boldsymbol{V_\delta}}^T \boldsymbol{f}_{\boldsymbol{\delta},j}^{(k-1)} \\ f_{h_0,j}^{(k-1)} \end{bmatrix} \in \begin{bmatrix} \mathbb{R}^{\tilde{n}_p} \\ \mathbb{R}^{\tilde{n}_\delta} \\ \mathbb{R} \end{bmatrix} \quad \text{and} \tag{2.106}$$

$$\tilde{\boldsymbol{J}}^{\mathrm{I}} = \begin{bmatrix} {}_{\mathcal{I}}{\boldsymbol{V_p}}^T \, {}^{\mathcal{J}}_{\mathcal{I}}\boldsymbol{J}_{\boldsymbol{f}_{\boldsymbol{p},j}}^{(k-1)} \, {}_{\mathcal{J}}\boldsymbol{V} \\ {\boldsymbol{V_\delta}}^T \boldsymbol{J}_{\boldsymbol{f_\delta}} \boldsymbol{V} \\ \boldsymbol{J}_{f_{h_0}} \boldsymbol{V} \end{bmatrix} \in \begin{bmatrix} \mathbb{R}^{\tilde{n}_p \times \tilde{n}} \\ \mathbb{R}^{\tilde{n}_\delta \times \tilde{n}} \\ \mathbb{R}^{1 \times \tilde{n}} \end{bmatrix}, \tag{2.107}$$

where the superscript I enables to differentiate from the non-approximated reduced system function and Jacobian. The surrogates are fragmentary evaluations of the corresponding full representatives. Hereby, the set $\mathcal{I}$ and $\mathcal{J}$ are determined by using the snapshots

$$\boldsymbol{s_R} := \boldsymbol{f}_{\boldsymbol{p},j}^{\mathrm{P}(k-1)}, \tag{2.108}$$

$$\boldsymbol{s_J} := \boldsymbol{J}_{\boldsymbol{f}_{\boldsymbol{p},j}^{\mathrm{P}}}^{(k-1)} \boldsymbol{V} \tilde{\boldsymbol{z}}^{(k)}. \tag{2.109}$$

Thus, all necessary operations are of small size $\hat{n}$, $\check{n}$ and $\tilde{n}$.

As a result, only matrix evaluations, additions and multiplication of small size $\hat{n}$, $\check{n}$ and $\tilde{n}$ are necessary within the online phase.

3. Stationary EHD Contact

Often, the transient behavior of the system is much faster than the dynamics of the excitation. In this case, the solution reaches a stationary point basically without any delay and the system can be considered as a quasi-stationary problem where the time derivative of the Reynolds equation is neglected. Thereby, the basic question is reduced to the examination of the influence of different parameters on the parameterized system. Thus, the first part of this chapter deals with the task of generating an accurate and reliable reduced model for the stationary EHD problem in an automated relatively cheap way. In the second part, the application of the Newton-Raphson method onto the generalized Reynolds equation [88] is proposed and sketched in order to introduce Non-Newtonian effects into the reduced system framework.

3.1. Automated generation of the reduced model

This section deals with the automated generation of a reduced model within a specified parameter space. The main objective is how to choose the snapshots for the POD such that the least amount of full calculations are required in order to get a robust and sufficiently accurate reduced model with the specified parameter space. The procedure relies on a testing of an existant reduced sytem using randomly chosen parameter combinations within the given parameter space and the expansion of the reduced system at badly approximated locations. On the one hand, a distance measure is required for the initialization of the reduced system as well as for the determination of an adequate starting solution within the Newton scheme. On the order hand, the evaluation of the reduced system requires a fast error measure. Thus, at first, a procedure on how to determine a distance measure is proposed followed by the evaluation of different error measures. In the third part of this section, the automated algorithm is presented. The section ends with a result part followed by a short conclusion.

3.1.1. Distance measure

A measure of distance should indicate whether a solution for a special parameter combination $\boldsymbol{\mu}_i$ is similar to a solution for another parameter combination $\boldsymbol{\mu}_j$ without using the solutions itself. Such a measure is helpful for two things: namely generating a reduced system automatically and finding a good starting solution for the Newton-Raphson method. The measure can be introduced as $s(\boldsymbol{\mu}_i, \boldsymbol{\mu}_j, \boldsymbol{\omega})$ with a weighting vector $\boldsymbol{\omega} \in \mathbb{R}^{n_\omega}$ and the properties

$$s(\boldsymbol{\mu}_i, \boldsymbol{\mu}_j, \boldsymbol{\omega}) \geq 0, \text{ for } \boldsymbol{\mu}_i \neq \boldsymbol{\mu}_j, \tag{3.1}$$

$$s(\boldsymbol{\mu}_i, \boldsymbol{\mu}_j, \boldsymbol{\omega}) = 0, \text{ for } \boldsymbol{\mu}_i = \boldsymbol{\mu}_j. \tag{3.2}$$

Here, s is considered as being linearly dependent on the weighting vector $\boldsymbol{\omega} \geq \mathbf{0}$. Thus s has the form

$$s(\boldsymbol{\mu}_i, \boldsymbol{\mu}_j, \boldsymbol{\omega}) = \boldsymbol{\omega}^T \boldsymbol{g}_s(\boldsymbol{\mu}_i, \boldsymbol{\mu}_j), \tag{3.3}$$

where the entries of the vector $\boldsymbol{g}_s(\boldsymbol{\mu}_i, \boldsymbol{\mu}_j) \in \mathbb{R}^{n_\omega}$ also have to fulfill the conditions

$$g_{s,k}(\boldsymbol{\mu}_i, \boldsymbol{\mu}_j) \geq 0, \text{ for } \boldsymbol{\mu}_i \neq \boldsymbol{\mu}_j, \text{ for } k \in \{1, \ldots, n_\omega\}, \tag{3.4}$$

$$g_{s,k}(\boldsymbol{\mu}_i, \boldsymbol{\mu}_j) = 0, \text{ for } \boldsymbol{\mu}_i = \boldsymbol{\mu}_j, \text{ for } k \in \{1, \ldots, n_\omega\}. \tag{3.5}$$

In the following the determination of the weights $\boldsymbol{\omega}$ is described. Subject to the condition that the m solutions $\boldsymbol{z}(\boldsymbol{\mu}_i)$ for the m parameter combinations $\boldsymbol{\mu}_i$ are available, the distance matrix of the Euclidean norm $\boldsymbol{D}_2 \in \mathbb{R}^{m \times m}$ with entries

$$D_{2,ij} = \left\| \boldsymbol{z}(\boldsymbol{\mu}_i) - \boldsymbol{z}(\boldsymbol{\mu}_j) \right\|_2 \tag{3.6}$$

and the distance matrix $\boldsymbol{D}_s(\boldsymbol{\omega}) \in \mathbb{R}^{m \times m}$ with entries

$$D_{s,ij}(\boldsymbol{\omega}) = s(\boldsymbol{\mu}_i, \boldsymbol{\mu}_j, \boldsymbol{\omega}) \tag{3.7}$$

can be constructed. Additionally, the correlation coefficient between these two matrices is introduced by

$$\delta(\boldsymbol{\omega}) = \frac{\langle \boldsymbol{D}_2, \boldsymbol{D}_s(\boldsymbol{\omega}) \rangle^2}{\langle \boldsymbol{D}_2, \boldsymbol{D}_2 \rangle \langle \boldsymbol{D}_s(\boldsymbol{\omega}), \boldsymbol{D}_s(\boldsymbol{\omega}) \rangle}. \tag{3.8}$$

The correlation coefficient $\delta(\boldsymbol{\omega})$ indicates whether the chosen measure of distance for a given weighting vector $\boldsymbol{\omega}$ correlates to the provided data. The distance measure is good if δ is close to one. The weighting vector is determined by solving the following optimization problem:

$$\boldsymbol{\omega} = \underset{\tilde{\boldsymbol{\omega}} \in \mathbb{R}^{n_\omega}}{\operatorname{argmin}} \left(1 - \delta(\tilde{\boldsymbol{\omega}})\right), \text{ s.t. } \tilde{\boldsymbol{\omega}} \geq \mathbf{0}. \tag{3.9}$$

Thus, a straight forward procedure to determine the weightings of s is provided. However, the composition of functions in $\boldsymbol{g}_s$ is problem specific and has to be chosen by expert knowledge or trial and error. A Proposal for the distance indicator s is given in section 3.1.4.

3.1.2. Error Measure

The most obvious choice of an error measure is the comparison of the reduced solution with the solution of the full large-scale system. Here the Euclidean distance

$$e_z(\boldsymbol{z}, \tilde{\boldsymbol{z}}) := \frac{\|\boldsymbol{z} - \boldsymbol{V}\tilde{\boldsymbol{z}}\|_2}{\|\boldsymbol{z}\|_2}. \tag{3.10}$$

is used. However, in practice the full solution is not available, since its determination would require to solve the full system. Hence, another approach to rate the quality of the reduced solution is necessary. An alternative approach would be to use the norm of the residuum as error measure:

$$\|\boldsymbol{f}(\boldsymbol{V}\tilde{\boldsymbol{z}})\|_2 = \sqrt{\boldsymbol{f}_{\boldsymbol{p}}^T \boldsymbol{f}_{\boldsymbol{p}} + \boldsymbol{f}_{\boldsymbol{\delta}}^T \boldsymbol{f}_{\boldsymbol{\delta}} + f_{h_0}^2}. \tag{3.11}$$

Here, no full solution is required. Admittedly, neither $\boldsymbol{f}_{\boldsymbol{p}}$ nor $\boldsymbol{f}_{\boldsymbol{\delta}}$ are available during the computation of the reduced system with system approximation, but only the gappy form ${}_{\mathcal{I}}\boldsymbol{f}_{\boldsymbol{p}}$ of the Reynolds equation and the reduced form $\boldsymbol{V}^T \boldsymbol{f}_{\boldsymbol{\delta}}$ of the deformation equation. Nevertheless, with

$$\boldsymbol{f}_{\boldsymbol{\delta}} = \begin{bmatrix} -\boldsymbol{K}\boldsymbol{V}_{\boldsymbol{p}} & \boldsymbol{V}_{\boldsymbol{\delta}} & \mathbf{0} \end{bmatrix} \tilde{\boldsymbol{z}}, \tag{3.12}$$

the inner product of the deformation function can be expressed without large-scale operation as

$$\boldsymbol{f}_{\boldsymbol{\delta}}^T \boldsymbol{f}_{\boldsymbol{\delta}} = \tilde{\boldsymbol{z}}^T \begin{bmatrix} \boldsymbol{V}_{\boldsymbol{p}}^T \boldsymbol{K}^T \boldsymbol{K} \boldsymbol{V}_{\boldsymbol{p}} & -\boldsymbol{V}_{\boldsymbol{p}}^T \boldsymbol{K}^T \boldsymbol{V}_{\boldsymbol{\delta}} & \mathbf{0} \\ \boldsymbol{V}_{\boldsymbol{\delta}}^T \boldsymbol{K} \boldsymbol{V}_{\boldsymbol{p}} & \boldsymbol{E} & \mathbf{0} \\ \mathbf{0} & \mathbf{0} & 0 \end{bmatrix} \tilde{\boldsymbol{z}} = \tilde{\boldsymbol{z}}^T \boldsymbol{E}_{\boldsymbol{\delta}} \tilde{\boldsymbol{z}}, \tag{3.13}$$

where $\boldsymbol{E} = \boldsymbol{V}_{\boldsymbol{\delta}}^T \boldsymbol{V}_{\boldsymbol{\delta}}$ is the identity matrix of corresponding size. Here, the "error" matrix $\boldsymbol{E}_{\boldsymbol{\delta}}$ is constant and thus it can be precomputed within the offline phase. Therewith, two different residuum based error measures will be introduced:

$$e_f(\tilde{\boldsymbol{z}}) := \sqrt{\boldsymbol{f}_{\boldsymbol{p}}^T \boldsymbol{f}_{\boldsymbol{p}} + \tilde{\boldsymbol{z}}^T \boldsymbol{E}_{\boldsymbol{\delta}} \tilde{\boldsymbol{z}} + f_{h_0}^2}, \tag{3.14}$$

$$e_f^{\mathrm{I}}(\tilde{\boldsymbol{z}}) := \sqrt{{}_{\tilde{\mathcal{I}}}\boldsymbol{f}_{\boldsymbol{p}}^T \, {}_{\tilde{\mathcal{I}}}\boldsymbol{f}_{\boldsymbol{p}} + \tilde{\boldsymbol{z}}^T \boldsymbol{E}_{\boldsymbol{\delta}} \tilde{\boldsymbol{z}} + f_{h_0}^2}, \tag{3.15}$$

While the actual residuum e_f is not applicable during the online phase, since its evaluation requires large-scale operations, the approximation e_f^{I} can be computed without large scaled operations within the reduced domain. In contrast to e_z, the residuum based error measures are not normalized. Since the approximations consider an extract of the residuum which has a rather large influence on the error, neither a normalization with respect to $\sqrt{2n+1}$ nor to $\sqrt{\hat{n}+n+1}$ makes sense.

For checking the accuracy of the error measures, a reduction basis is chosen where not the whole valid parameter space is sampled to a high accuracy. So, there are still parameter combinations where the solution cannot be approximated well by the basis. In the following, 100 parameter combinations are chosen randomly within the valid parameter space. Figure 3.1 shows the predictions of the error measures for these randomly chosen test combinations. For a better overview, the results are sorted with respect to e_z and normalized with respect to the particular maximum error prediction. The residuum based error measures are highly corre-

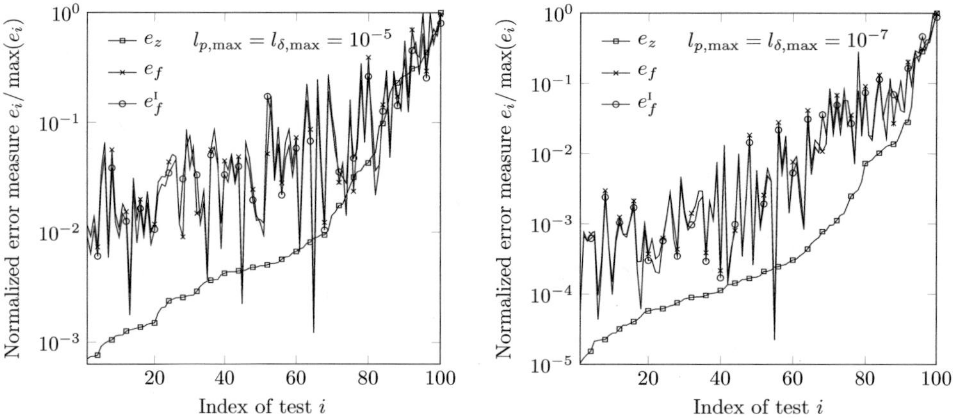

Figure 3.1.: Normalized error measures e_z, e_f and e_f^{I} for 100 randomly chosen parameter combinations ordered by size of e_z.

lated to each other. Even though the peak heights differ between the residuum e_f and the residuum approximation e_f^{I}, they have the same characteristic. However, the residuum based error measures show a different local behavior compared to the error measure e_z. Nevertheless, the global behavior is the same. Thus, the proposed error measures are useable in order to identify solutions, which are not approximated well by a given reduced system with system approximation. Further studies could deal with the introduction of weightings between different parts of the residuum. However, this is not within the scope of this work.

3.1.3. Algorithm for automated compact model generation

The objective of the algorithm is to generate a compact model which gives a fast and reliable approximation with a specified accuracy of the corresponding full system within a predetermined range of parameters. The valid parameter space $\mathcal{D} \subset \mathbb{R}^d$ is bounded by the ranges $\mu_{\min,i} \le \mu_i \le \mu_{\max,i}$ for $i \in \{1, \dots, d\}$ of the d parameters. Figure 3.2 gives a flow chart of the algorithm for the automated compact model generation. At first, the full system is calculated at some points of

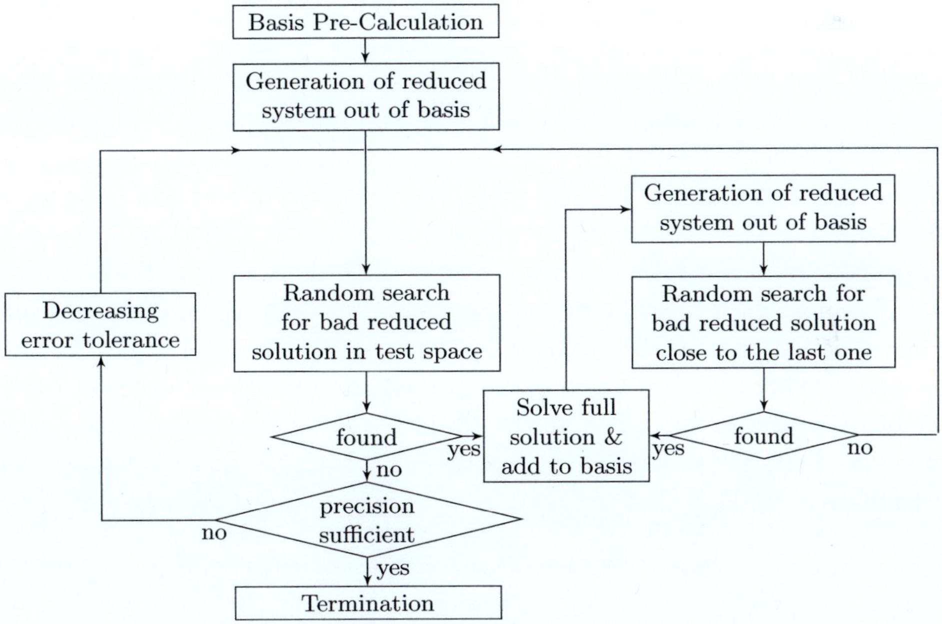

Figure 3.2.: Algorithm for automated compact model generation for stationary EHD contacts

the bounded parameter space $\mathcal{D}$. The objective is to choose these points such that the particular solutions exhibit the lowest similarity to each other as possible in order to avoid redundant information. This objective can be addressed by using the distance measure $s(\boldsymbol{\mu}_i, \boldsymbol{\mu}_j, \boldsymbol{\omega})$ with a set of corresponding weightings $\boldsymbol{\omega}$ as decribed in the following. The choice of s is given in the next section. Starting with one arbitrary parameter combination, for instance somewhere on the boundary of $\mathcal{D}$, all following parameter combinations can be determined recursively as follows: The minium distance of the next parameter combination to all former ones is maximized in terms of the measure of distance within the parameter space $\mathcal{D}$:

$$\boldsymbol{\mu}_{j+1} = \underset{\tilde{\boldsymbol{\mu}} \in \mathcal{D}}{\operatorname{argmax}} \left(\min_{i \in \{1,\ldots,j\}} \left(s(\boldsymbol{\mu}_i, \tilde{\boldsymbol{\mu}}, \boldsymbol{\omega}) \right) \right) . \tag{3.16}$$

Hereby, the choice of the distance measure is obviously crucial in order to catch a high percentage of the contained information. The number of pre-calculated trainings is chosen such that about half of the total number of expected trainings are catched. In figure 3.2, this procedure is referred to as basis pre-calculation.

Now, the reduced model is generated as described in section 2.3, using the precalculated basis. Within the next step the whole parameter space is sampled randomly. Therefore, test parameter combinations are generated by

$$\boldsymbol{\mu}_{\text{test}} = \boldsymbol{\mu}_{\min} + (\boldsymbol{\mu}_{\max} - \boldsymbol{\mu}_{\min}) \frac{1 - \cos(\pi \boldsymbol{U})}{2} , \tag{3.17}$$

where $\boldsymbol{U}$ is an array of d uniformly distributed random numbers. The cosine function pushes the tests towards the boundary of the parameter space and thus avoids an accumulation in the middle of the parameter space. The quality of every reduced solution is checked by an adequate error measure given in subsection 3.1.2. As soon as the predicted error is too high with respect to a specified error tolerance $e^{\mathrm{I}}_{f,\mathrm{tol}}$ or the reduced system does not converge at all, the solution of the particular full system is added to the basis and the reduced model is updated. Empirically confirmed, the areas, where the error measure predicts a bad approximation, are accumulated in contiguous regions of the parameter space. Hence, the next search for bad approximations is done in the neighborhood of the last parameter combination. Here, tests in the vicinity of the last parameter combination $\boldsymbol{\mu}_{\text{ref}}$ are created by

$$\boldsymbol{\mu}_{\text{test}} = \min(\max(\boldsymbol{\mu}_{\text{ref}} + \sigma \boldsymbol{N}, \boldsymbol{\mu}_{\min}), \boldsymbol{\mu}_{\max}), \tag{3.18}$$

where σ is a scalar indicating the standard deviation and $\boldsymbol{N}$ is an array of d normally distributed random numbers. The local search of bad approximations in combination with adding the corresponding solutions and updating the reduced system is done until a specified number of successful approximations is reached. The global and local search is continued until another specified amount of successful simulations are done in the global search. The reduced system improves by adding further solutions. To keep the number of added solutions low, it might be beneficial to gradually decrease the error tolerance. In doing so, the adding of solutions on a very bad level might improve other areas of the parameter space to such a degree that no further solutions are required. Before adding a parameter combination and its corresponding solution to the system, it might be reasonable to include another search for even worse combinations in the close vicinity of the found parameter combination.

3.1.4. Results

In the following, the algorithm for automated compact model generation, described in the previous subsection, is compared with other snapshot selection procedures. Furthermore, results for the resulting reduced system are given for a line and for a point contact problem.

Line Contact Problem

The first problem deals with a stationary Newtonian EHD line contact. Herefore, the so-called Moes comparison parameters for a line contact [69, 84] are often used, in order to specify the location within the EHL region. They read:

$$M = \frac{w}{\sqrt{2\eta_0 u_m E' R}} \quad \text{and} \quad L = \alpha E' \left(\frac{2\eta_0 u_m}{E' R} \right)^{\frac{1}{4}}. \tag{3.19}$$

In case of using an incompressible fluid with Barus viscosity, the EHD contact can be defined uniquely by those two parameters. However, this case is generally not sufficient in order to describe friction or energy losses. Nevertheless, as long as the parameters M and L are only used for the distance measure the problem is not restricted to film thickness examination of isothermal, Newtonian EHD contact problems. Here, a compressible fluid [38] with the Roelands viscosity model [100] is used. The computational area defined by $-4 \leq X \leq 2$ is divided with an equidistant step size of $\Delta X = 0.005$ where the size of the computational area is large enough in order to adequately cover the moderately loaded cases. However, for very lightly loaded cases the upstream boundary might be chosen being too close to the center of the contact. The mesh size is chosen such that further refinements would not lead to fundamental changes in the solution. Having even higher loadings it might be necessary to refine the mesh. Table 3.1 lists the ranges of the physical EHL parameters as well as the resulting minimal and maximal values of Moes parameters M and L. The ranges are chosen such that the corresponding parameter subspace is covering a rather large part of the total EHL region. There are two reasons, why the physical parameters and not the Moes parameters are chosen for specifying the parameter space. Firstly, the Moes parameters are only valid for isothermal Newtonian EHD contacts whereas the whole modeling flexibility is maintained by using the particular physical parameters. Secondly, granted

Table 3.1.: Parameter ranges for EHD line contact problem

parameter	R	u_m	w	E'	η_0	α	M	L
unit	mm	m/s	N/mm	GPa	Pa s	1/GPa	-	-
min	2	1	100	231	0.01	5	~7.4	~2.5
max	4	10	500	231	0.01	20	~164.6	~21.1

that the problem can be represented by Moes parameters, the projection of the relevant physical parameter space onto the two-dimensional M-L-space is only a subspace of the space directly spanned by the resulting minimal and maximal values of M and L. Hence, a direct use of the extreme values of M and L would lead to a larger parameter space than necessary.

The objective is now to find an adequate combination of solutions within the given parameter subspace, which provides an accurate, fast and numerically stable reduced system for the given parameter subspace. Therefore, four different procedures of snapshot selection are compared to each other. The first selection procedure is the algorithm for automated snapshot selection presented in subsection 3.1.3. The second one is the exclusive application of the basis pre-calculation algorithm as described at the beginning of subsection 3.1.3. The last two procedures are based on a manual selection, where the d-dimensional parameter space is sampled with a partly equidistant, partly logarithmic grid. Thus, the manual selections consider already the fact that the solution is more sensitive to w at lower loads. Table 3.2 summarizes the choice of parameter combinations and the total number of snapshots for the four different snapshot selection procedures. The number of snapshot for the adaptive snapshot selection results from the chosen error tolerance of $e^{\mathrm{I}}_{f,\mathrm{tol}} = 1$. In order to find an adequate starting solution for the

Table 3.2.: Number of equidistantly (*logarithmically) distributed sampling points between particular parameter range and total number of sampling points

case	abbreviation	R	u_m	w	E'	η_0	α	total
no. 1	adaptive alg.	adaptive random selection						114
no. 2	precalc. alg.	deterministic selection						120
no. 3	manual (240)	3	4	5*	1	1	4	240
no. 4	manual (120)	2	3	5*	1	1	4	120

reduced solution scheme and as a necessary tool for the snapshot selection of the first two snapshot selection procedures, a distance measure $s(\boldsymbol{\mu}_i, \boldsymbol{\mu}_j)$ between two parameter combinations $\boldsymbol{\mu}_i$ and $\boldsymbol{\mu}_j$ is introduced:

$$s(\boldsymbol{\mu}_i, \boldsymbol{\mu}_j) = \frac{\left(M(\boldsymbol{\mu}_i) - M(\boldsymbol{\mu}_j)\right)^2}{M(\boldsymbol{\mu}_i)^2 + M(\boldsymbol{\mu}_j)^2} + 0.001\left(L(\boldsymbol{\mu}_i) - L(\boldsymbol{\mu}_j)\right)^2, \tag{3.20}$$

where M and L are the Moes parameters from (3.19). This choice of distance measure takes into account the fact that the solution gets more robust in M for larger values of M. The weightings of the two functions for M and L are coming from application of the procedure described in 3.1.1. However, other adequate choices of distance measures are possible as well.

Figure 3.3 shows the distribution of the selected snapshots of the four procedures as a projection onto the M-L-space. The higher sensitivity of the solution

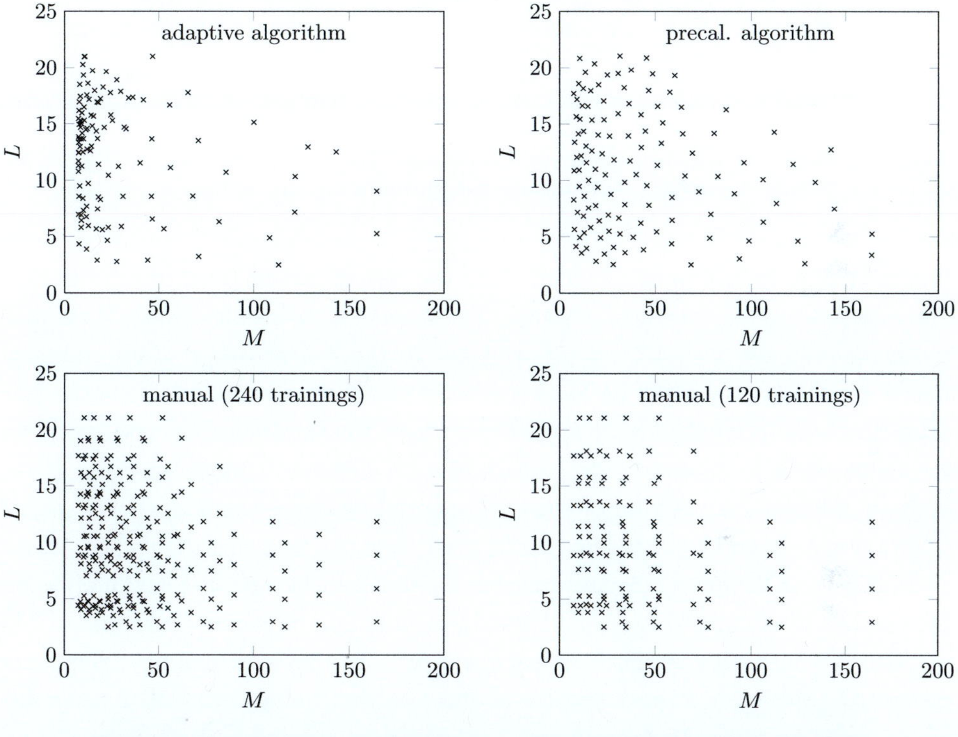

Figure 3.3.: Distribution of the particular selected trainings in the M-L-space.

in the lower loaded (smaller M) region is accounted for with a higher snapshot density for all four cases. Hereby, the snapshots have to be selected such that they can adequately approximate all solutions of the specified parameter space. Therefore, the information content, gathered by a specified number of snapshots, has to be maximized. So, the intention is to make the snapshot as linearly independent from each other as possible in order to maximize the capture of information by the snapshots. Thus, a slow decay of the loss of information of the corresponding POD-basis functions is desirable. Figure 3.4 illustrates the decays of the information loss of the POD basis functions for the above given snapshot selection procedures. Firstly, it can be seen that there is a higher similarity in the deforma-

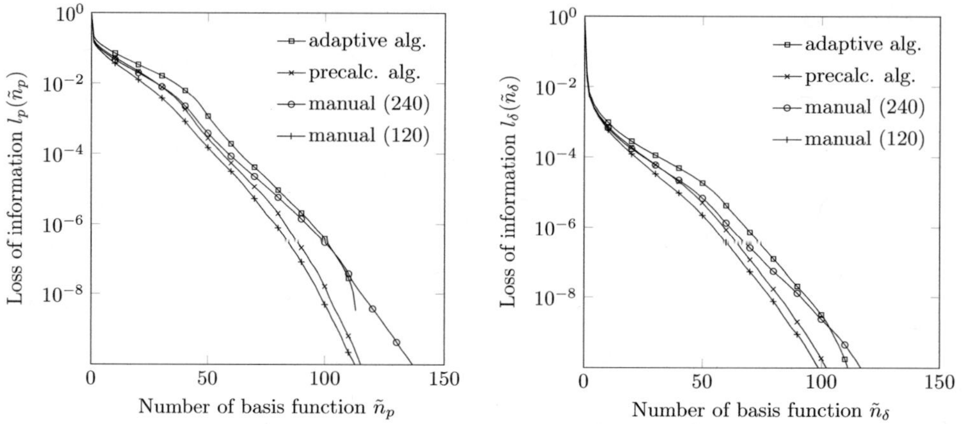

Figure 3.4.: Decay of loss of information for the pressure (left) and the deformation (right) solution space resulting from different snapshot selection procedures.

tion field than in the pressure field, since the loss of information of deformation decrease faster than the one of pressure. Furthermore, the results clearly show that the manual choice with 120 snapshots leads to the fastest decay of information. Better results are obtained by having exactly the same amount of snapshots but using the basis pre-calculation algorithm, where the minimum distance between the snapshots is maximized with respect to a pre-defined distance measure. However, the highest information content is captured by using the adaptive snapshot selection algorithm of subsection 3.1.3, even though there are slighty less snapshots chosen. Obviously, the information content can be increased by increasing the number of calculated snapshots, as can be seen for the manual selection of 240 snapshots, where twice as much snapshots as for the other selection procedures are computed. Moreover, the robustness of the resulting reduced models for the different snapshot selection procedures is examined by solving each reduced system for a high number of randomly chosen parameter combinations. Table 3.3 lists the particular failure rate of each reduced system. The failure rate is defined as the ratio of not converged calculation with respect to the total number of calculations. Again, the fully automated adaptive snapshot selection algorithm shows

Table 3.3.: Failure rate of each snapshot selection procedure determined by 10000 random tests

case	snapshot selection	failure rate
no. 1	adaptive algorithm	0.00 %
no. 2	precalc. algorithm	0.53 %
no. 3	manual (240 trainings)	0.34 %
no. 4	manual (120 trainings)	1.83 %

the best results with no detected failures. This result is not surprising, since the adaptive algorithm eliminates all emerging failures systematically by adding the corresponding full solution to the basis. Summing up, the results clearly show that the adaptive snapshot selection algorithm leads to the best results with respect to both robustness and efficiency. Hereby, the efficiency is seen as maximizing the ratio of information content per snapshots.

In the following, the automatically generated compact models will be tested within the parameter space defined by table 3.1 along an arbitrarily chosen test trajectory. In order to check the accuracy of the reduced system within the whole parameter space, the test trajectory is chosen such that it covers all regions of the specified parameter space. A suitable choice of the test trajectory is given by:

$$\begin{aligned} \alpha &= \tfrac{\alpha_{\max}+\alpha_{\min}}{2} + \tfrac{\alpha_{\max}-\alpha_{\min}}{2} \sin(2\pi c), \\ R &= \tfrac{R_{\max}+R_{\min}}{2} + \tfrac{R_{\max}-R_{\min}}{2} \sin(3\pi c), \\ u_m &= \tfrac{u_{m,\max}+u_{m,\min}}{2} + \tfrac{u_{m,\max}-u_{m,\min}}{2} \sin(4\pi c), \\ w &= \tfrac{w_{\max}+w_{\min}}{2} + \tfrac{w_{\max}-w_{\min}}{2} \sin(5\pi c), \end{aligned} \tag{3.21}$$

with the running parameter $0 \leq c \leq 2$. Figure 3.5 shows the projection of the test trajectory onto the 2-dimensional M-L parameter space. The specified parameter space is illustrated by its convex hull. For high values of M, the elastohydrody-

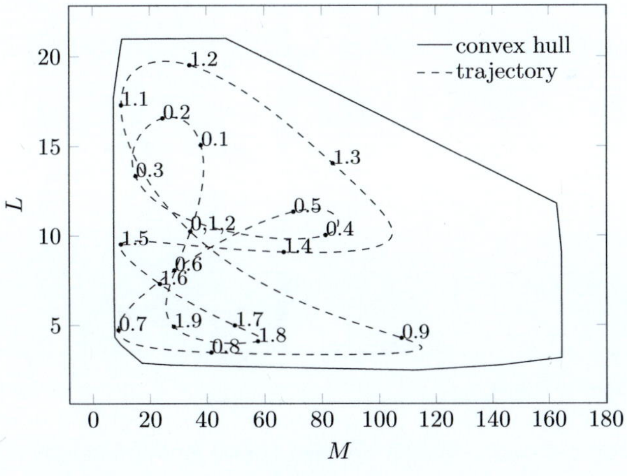

Figure 3.5.: Test trajectory with running parameter c and convex hull of the specified parameter space as a projection onto the 2-dimensional parameter space given by Moes parameters M and L for a line contact problem

namic solution for pressure tends towards the dry Hertzian contact pressure distribution, leading to a high similarity in the individual solutions. Thus, the solutions within the highly loaded area (approx. $M > 50$) are not critical, since they can be approximated well by an adequate set of global basis functions. Hence, the given test trajectory is significant, even though it does not go through the extremely highly loaded part of the parameter space. Indeed, the automated adaptive algorithm does hardly select any additional parameter combinations in the higher loaded region.

In the following, the influence of the error tolerance $e^{\mathrm{I}}_{f,\mathrm{tol}}$ for the error measure in (3.15) on the efficiency and accuracy of the reduced system will be examined. Therefore, the first run is executed with a rather large acceptable error tolerance $e^{\mathrm{I}}_{f,\mathrm{tol}} = 100$. Its objective consists basically in stabilizing the reduced model within the given parameter space. In the further process, the error tolerance is successively decreased.

On the left side of figure 3.6 the mean error between the reduced and the full solution on the basis of error measure e_z and the mean error prediction on the basis of error measure e^{I}_f of all solutions along the parameter test trajectory (3.21) as well as the for the different error tolerances is provided. Furthermore, the right side of figure 3.6 gives the number of calculated snapshots m, the number of basis functions of the reduced system $\tilde{n}$ and the mean computational time in dependence on the error tolerance. As expected, the error prediction given by e^{I}_f decreases

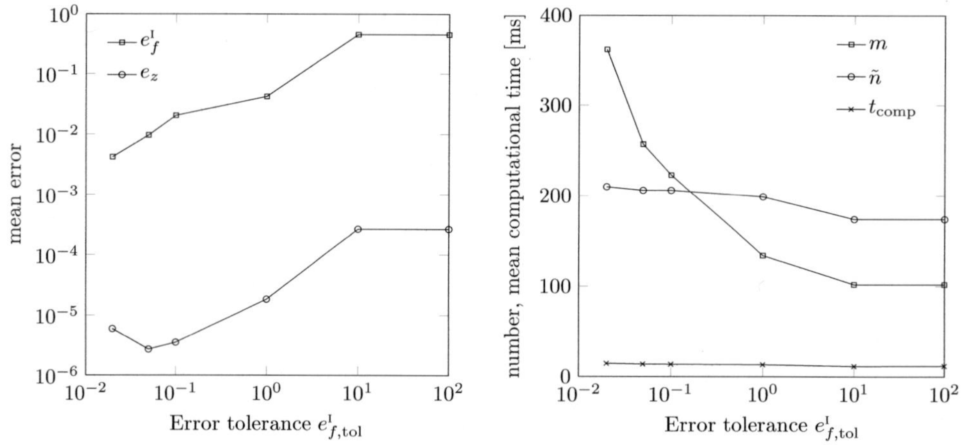

Figure 3.6.: Accuracy (left) and efficiency (right) for different error tolerances

with a decreasing error tolerance. However, at a certain point the error defined by error measure e_z starts growing. The reason is that the error measure e^{I}_f cannot differentiate between a very good solution and a good one, but only between bad and good solutions. Anyway, the corresponding reduced system has already reached an excellent accuracy at this level of error. Since the number of basis functions increases with a decreasing error tolerance, also the computational time increases slowly within one order of magnitude. Furthermore, the expenses of the offline phase are growing, since more and more snapshots have to be computed in order to fulfill the decreasing error tolerance.

Figure 3.7 illustrates the evolution of the central pressure and the central film thickness with the running parameter c. As already predicted by the error measure in figure 3.6, the solutions of the full and the reduced systems are basically identical within the whole test trajectory.

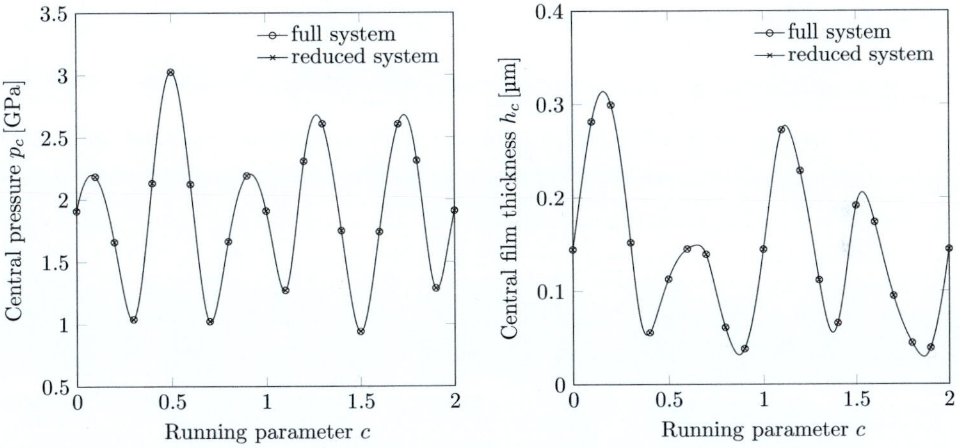

Figure 3.7.: Central pressure (left) and film thickness (right) over the running parameter c of the full and reduced systems for the line contact problem

Point Contact

In this section a stationary Newtonian EHD point contact problem will be considered. The corresponding Moes comparison parameters [85] are

$$M = \frac{w}{E'R^2}\left(\frac{2\eta_0 u_m}{E'R}\right)^{-\frac{3}{4}} \quad \text{and } L = \alpha E'\left(\frac{2\eta_0 u_m}{E'R}\right)^{\frac{1}{4}}, \tag{3.22}$$

where the distance measure is chosen as given in equation (3.20). Again, a compressible fluid [38] with the Roelands viscosity model [100] is used. The rectangular computational domain $\{-4 \leq X \leq 2, -2 \leq Y \leq 0\}$ with symmetry with respect to the line $Y = 0$ is partitioned into commensurate rectangles of size $\Delta X = 0.02$ and $\Delta Y = 0.05$. Here, the mesh size is chosen rather coarse, since the full matrix inversion of the full computation gets unfeasible for a larger number of degrees of freedom. However, it was shown in section 2.1.9 that the results do not differ to much from the converged ones. Table 3.4 lists the ranges of the physical EHL parameters as well as the resulting minimal and maximal values of Moes parame-

Table 3.4.: Parameter ranges for EHD point contact problem

parameter	R	u_m	w	E'	η_0	α	M	L
unit	mm	m/s	N	GPa	Pa s	1/GPa	-	-
min	1	1	20	231	0.01	5	~12.8	~1.7
max	2	10	80	231	0.01	20	~857.9	~14.1

ters M and L, covering a rather large area of the EHL regime [33]. The resulting parameter space is sampled with the automated snapshot algorithm from section 3.1.3. For stabilizing the parameter space the algorithm chooses 188 snapshots. The description (3.21) with the parameter boundaries given in table 3.4 yields a test trajectory through the physical parameter space. Figure 3.8 illustrates this test trajectory in the 2-dimensional subspace defined by Moes parameters M and L for a point contact problem. Analog to the line contact problem, the region

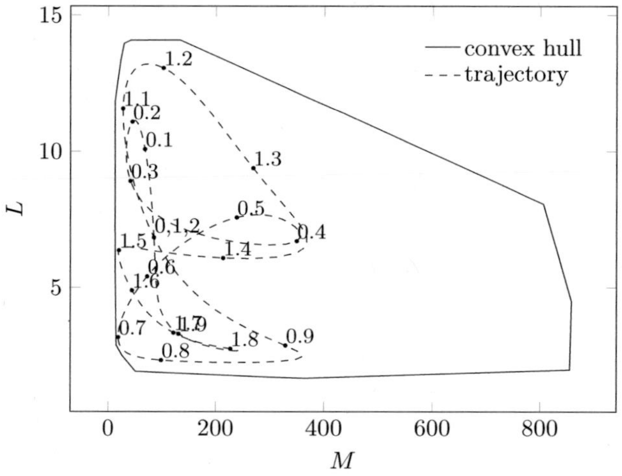

Figure 3.8.: Test trajectory with running parameter c and convex hull of the specified parameter space as a projection onto the 2-dimensional parameter space given by Moes parameters M and L for a point contact problem

with high values of M is not captured by the test trajectory. However, this region is likewise not critical with respect to projection based model order reduction. Figure 3.9 shows the behavior of the central pressure and film thickness along the running parameter c. Again, both pressure and film thickness of full and reduced system are in very good accordance. Hereby, the mean computational time of one reduced calculation is about 0.15 s on an i5-2500 processor. In comparison, a full calculation requires a computational time of about 15 minutes on 24 Xeon X5690 processors. However, the current system contains a dense compliance matrix due to the half-space theory. Thus, a monolithic solution strategy is very inefficient

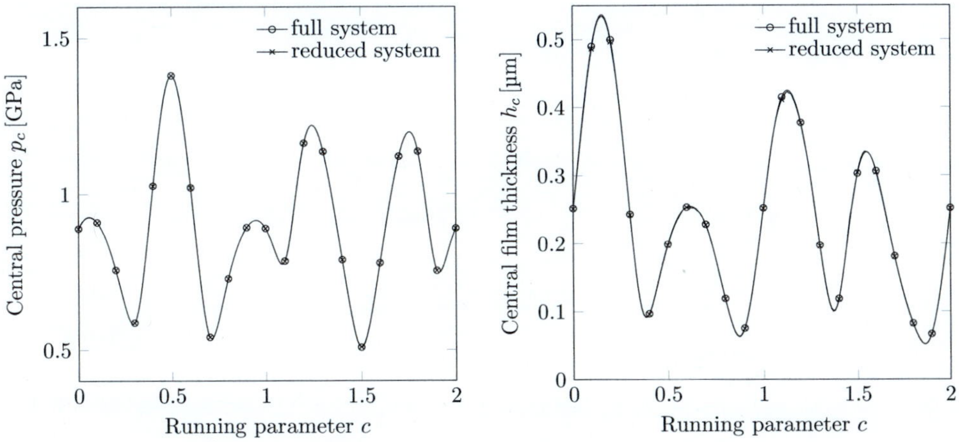

Figure 3.9.: Central pressure (left) and film thickness (right) over the running parameter c of the full and reduced system for the point contact problem

for large problems as the full EHD point contact problem. An adequate resort for the generation of the snapshot solutions would be to use a multigrid solution scheme or to implement the elasticity equation within a finite element framework. The latter leads to a continuously sparse Jacobian of the system function but also to a much larger number of required degrees of freedom. Note that the required number of iterations for both the full and reduced system is rather low, since the algorithm provides a good starting point. In comparison, the usual start from the dry Hertzian contact would imply a larger number of iterations and thus a larger computational time.

3.2. Non-Newtonian EHD Contact

In general, the Reynolds equation is derived for a Newtonian fluid where shear stress and shear rates are proportional to each other. Hereby, the proportionality factor is the dynamical viscosity of the fluid. However, often fluids exhibit a shear-thinning behavior at higher shear stresses where the dynamical viscosity diminishes [50]. Figure 3.10 illustrates the shear-thinning effect with respect to the effective shear stress τ_e. Hereby, the newtonian-plateau ratio *NPR* represents the ratio between the low viscosity level for large shear stresses and the high one for low shear stresses. Consequently, a linear relationship between shear stress and shear rate is not applicable anymore. There are plenty of constitutive laws trying to picture the relation between shear rate and shear stress. Some of them are given in explicit form, some of them in implicit form. A formulation being

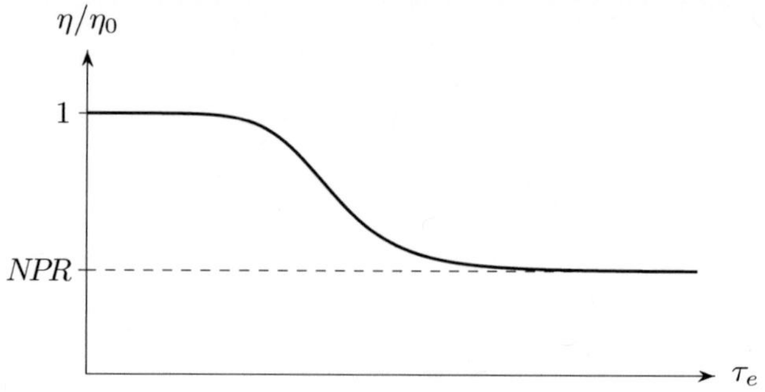

Figure 3.10.: Shear-thinning of a Non-Newtonian fluid

able to handle both the explicitly and the implicitly given constitutive laws is the generalized Reynolds equation [88].

This chapter deals with the solution of the implicitly given Non-Newtonian EHD problem using the Newton-Raphson method. The Non-Newtonian EHD problem is given by the generalized Reynolds equation for a generalized Newtonian fluid. Therefore, the Jacobian of the generalized Reynolds equation is derived. Finally, the results of the new solution scheme for the full and the reduced Non-Newtonian EHD system are compared to validated results from literature.

3.2.1. Generalized Reynolds Equation

The generalized Reynolds equation is a generalization of the standard Reynolds equation, being able to comprise most of the rheological laws of Non-Newtonian fluids given in either explicit or implicit form [88]. In dimensionless form the generalized Reynolds equation reads

$$\frac{\partial}{\partial X}\left(\frac{\bar{\rho}H^3}{\bar{\lambda}'}\left(\bar{\chi}_2 - \frac{\bar{\chi}_1^2}{\bar{\chi}_0}\right)\frac{\partial P}{\partial X}\right) + \frac{\partial}{\partial Y}\left(\frac{\bar{\rho}H^3}{\bar{\lambda}'}\left(\bar{\chi}_2 - \frac{\bar{\chi}_1^2}{\bar{\chi}_0}\right)\frac{\partial P}{\partial Y}\right)$$
$$- \frac{\partial}{\partial X}\left(\bar{\rho}H\left(\bar{u}_2 - \frac{\bar{\chi}_1}{\bar{\chi}_0}(\bar{u}_2 - \bar{u}_1)\right)\right) = 0 \qquad (3.23)$$

with the integral functions over the dimensionless fluid film

$$\bar{\chi}_k(P,\tau_e) = \int_0^1 \frac{Z^k}{\bar{\eta}(P,\tau_e)}\,\mathrm{d}Z \text{ for } k \in \{0,1,2\}, \qquad (3.24)$$

and $\bar{\lambda}' = \bar{\lambda}/12$. Here, $\bar{u}_1 = u_1/u_m$ and $\bar{u}_2 = u_2/u_m$ are the dimensionless surface velocities of the two contacting bodies and X, Y and Z are the dimensionless spatial coordinates in horizontal and vertical direction. The dimensionless surface velocities can be expressed by the slide-to-roll ratio $SRR = \frac{u_2 - u_1}{u_m}$:

$$\bar{u}_1 = 1 - SRR/2 \text{ and } \bar{u}_2 = 1 + SRR/2 \tag{3.25}$$

The slide-to-roll ratio *SRR* indicates the amount of sliding within the EHD contact.

The Non-Newtonian fluid behavior is introduced by a generalized Newtonian viscosity in the form $\eta(p, \tau_e)$ where the effective shear stress is defined by

$$\tau_e = \eta(p, \tau_e)\dot{\gamma}_e = \eta(p, \tau_e)\sqrt{\dot{\gamma}_{zx}^2 + \dot{\gamma}_{zy}^2} \tag{3.26}$$

The shear rates $\dot{\gamma}_{zx}$ and $\dot{\gamma}_{zy}$ are the variations across the film of the fluid velocities in x- and y-direction. They are implicitly given by the generalized Reynolds equation in dimensionless form as:

$$\dot{\gamma}_{zx} = \frac{\kappa_1 H}{\eta}\frac{\partial P}{\partial X}\left(Z - \frac{\bar{\chi}_1}{\bar{\chi}_0}\right) + \frac{\kappa_2}{\bar{\chi}_0 H \eta}, \tag{3.27}$$

$$\dot{\gamma}_{zy} = \frac{\kappa_1 H}{\eta}\frac{\partial P}{\partial Y}\left(Z - \frac{\bar{\chi}_1}{\bar{\chi}_0}\right), \tag{3.28}$$

with the coefficients $\kappa_1 = \frac{p_H a}{R}$ and $\kappa_2 = \frac{\eta_0(u_2 - u_1)R}{a^2}$. Therewith, the effective shear stress can be given in dimensionless form using the shear rates (3.27) and (3.28) :

$$\tau_e = \sqrt{\left(\kappa_1 H \frac{\partial P}{\partial X}\left(Z - \frac{\bar{\chi}_1}{\bar{\chi}_0}\right) + \frac{\kappa_2}{\bar{\chi}_0 H}\right)^2 + \left(\kappa_1 H \frac{\partial P}{\partial Y}\left(Z - \frac{\bar{\chi}_1}{\bar{\chi}_0}\right)\right)^2}, \tag{3.29}$$

The generalized Newtonian viscosity $\eta(p, \tau_e)$ is given in section 3.2.2. A detailed derivation of the generalized Reynolds equation can be found in [50].

In the following the construction of the Jacobian of the generalized Reynolds equation is sketched. Therefore, the derivatives of the implicitly given integral terms $\bar{\chi}_k$ for $k \in \{0, 1, 2\}$ with respect to the state variables are required. The integral terms $\bar{\chi}_0$, $\bar{\chi}_1$ and $\bar{\chi}_2$ build up the implicit system of equations

$$\bar{\chi}_0 - f_0(P, \partial_X P, \partial_Y P, H, \bar{\chi}_0, \bar{\chi}_1) = 0, \tag{3.30}$$

$$\bar{\chi}_1 - f_1(P, \partial_X P, \partial_Y P, H, \bar{\chi}_0, \bar{\chi}_1) = 0, \tag{3.31}$$

$$\bar{\chi}_2 - f_2(P, \partial_X P, \partial_Y P, H, \bar{\chi}_0, \bar{\chi}_1) = 0, \tag{3.32}$$

where the functions f_k for $k \in \{0,1,2\}$ are the actual integrals. In order to get the derivative of $\bar{\chi}_0$, $\bar{\chi}_1$ and $\bar{\chi}_2$ with respect to one state variable $q \in \{P, \partial_X P, \partial_Y P, H\}$, the total derivative of the system of equations (3.30)-(3.32) has to be calculated:

$$\frac{\mathrm{d}\bar{\chi}_0}{\mathrm{d}q} - \frac{\partial f_0}{\partial q} - \frac{\partial f_0}{\partial \bar{\chi}_0}\frac{\mathrm{d}\bar{\chi}_0}{\mathrm{d}q} - \frac{\partial f_0}{\partial \bar{\chi}_1}\frac{\mathrm{d}\bar{\chi}_1}{\mathrm{d}q} = 0, \tag{3.33}$$

$$\frac{\mathrm{d}\bar{\chi}_1}{\mathrm{d}q} - \frac{\partial f_1}{\partial q} - \frac{\partial f_1}{\partial \bar{\chi}_0}\frac{\mathrm{d}\bar{\chi}_0}{\mathrm{d}q} - \frac{\partial f_1}{\partial \bar{\chi}_1}\frac{\mathrm{d}\bar{\chi}_1}{\mathrm{d}q} = 0, \tag{3.34}$$

$$\frac{\mathrm{d}\bar{\chi}_2}{\mathrm{d}q} - \frac{\partial f_2}{\partial q} - \frac{\partial f_2}{\partial \bar{\chi}_0}\frac{\mathrm{d}\bar{\chi}_0}{\mathrm{d}q} - \frac{\partial f_2}{\partial \bar{\chi}_1}\frac{\mathrm{d}\bar{\chi}_1}{\mathrm{d}q} = 0. \tag{3.35}$$

The system of equations (3.33)-(3.35) can then be solved for the needed derivatives $\frac{\mathrm{d}}{\mathrm{d}q}\bar{\chi}_0$, $\frac{\mathrm{d}}{\mathrm{d}q}\bar{\chi}_1$ and $\frac{\mathrm{d}}{\mathrm{d}q}\bar{\chi}_2$. Thus, in addition to the integral terms $\bar{\chi}_0$, $\bar{\chi}_1$ and $\bar{\chi}_2$, also the integral functions

$$\frac{\partial f_k}{\partial g} = -\int_0^1 \frac{Z^k}{\bar{\eta}^2}\frac{\partial \bar{\eta}}{\partial g} dZ, \text{ with } k \in \{0,1,2\} \tag{3.36}$$

and $g \in \{P, \partial_X P, \partial_Y P, H, \bar{\chi}_0, \bar{\chi}_1\}$ have to be solved. Consequently, the construction of the Jacobian leads primarily to a much larger expenditure than a decoupled formulation. However, with the much higher convergence rate of the Newton-Raphson method, the additional costs are overcome. Please note that the implicitly given integral terms $\bar{\chi}_0$, $\bar{\chi}_1$ and $\bar{\chi}_2$ are not given a priori. In order to reach the quadratic convergence rate of the Newton-Raphson method, they have to be computed in every Newton iteration by e.g. again using the Newton-Raphson method. Hereby, the computation is rather fast, since the corresponding Jacobian is a diagonal matrix.

3.2.2. Results

In the following, the Non-Newtonian approach solved with the Newton-Raphson method will be compared to the numerical and experimental data provided in [50]. Therefore, the density lubrication model of Tait [62] and the viscosity model of Doolittle [36] will be employed for an isothermal EHD contact. They are based on the relative volume:

$$\frac{V}{V_0}(p) = 1 - \frac{1}{1+K_0'}\ln\left(1 + \frac{p}{K_0}(1+K_0')\right), \tag{3.37}$$

with the initial bulk modulus K_0 and the change rate K_0'. The density is simply obtained by taking the reciprocal of the relative volume:

$$\rho(p) = \rho_0 \left(\frac{V}{V_0}(p) \right)^{-1}. \tag{3.38}$$

Furthermore, the Doolittle viscosity-pressure relation is given by

$$\mu(p) = \eta_0 \exp \left(BR_0 \left(\frac{1}{\frac{V}{V_0}(p) - R_0} - \frac{1}{1 - R_0} \right) \right), \tag{3.39}$$

with the two additional parameters B and R_0. Finally, the effective shear stress dependency is formulated by a modified version [14] of the Carreau model [25]:

$$\eta(p, \tau_e) = \mu(p) \left[NPR + (1 - NPR) \left(1 + \left(\frac{\tau_e}{G_c} \right)^{\beta_c} \right)^{\frac{1-\frac{1}{n_c}}{\beta_c}} \right], \tag{3.40}$$

with the liquid critical shear stress G_c indicating the point of transition between the two Newtonian plateaus and the two fixing parameters β_c and n_c. The lubricant has a typical shear-thinning behavior. Its properties and the other parameters are given in table 3.5. The remaining parameters – the mean surface velocity u_m, the slide-to-roll ratio *SRR* and the Newtonian-plateau ratio *NPR* – are the basis for the parameterized reduced stationary Non-Newtonian EHD point contact problem.

Table 3.5.: Parameters of the Non-Newtonian problem from [50] with rheological properties from [15].

$G_c = 0.01\,\text{MPa}$	$B = 4.2$	$E_1 = 81\,\text{GPa}$	$R = 12.7\,\text{mm}$
$n_c = 0.8$	$R_0 = 0.658$	$\nu_1 = 0.208$	$w = 23\,\text{N}$
$\beta_c = 2.198$	$K_0 = 1.007837\,\text{GPa}$	$E_2 = 210\,\text{GPa}$	$\eta_0 = 0.0705\,\text{Pa\,s}$
	$K_0' = 11.29$	$\nu_2 = 0.3$	$(NPR = 0.2227)$

Table 3.6 lists the particular parameter ranges and the number of snapshots in each parameter direction. The resulting parameter space is a 3-dimensional cube with a total number of 150 snapshots. Again, the rectangular computational domain

Table 3.6.: Parameter ranges and number of equidistantly (*logarithmically) distributed sampling points in each direction.

parameter	min	max	number
u_m	0.1	5	10*
NPR	0.2	1	5
SRR	0	1	3

$\{-4 \leq X \leq 2, -2 \leq Y \leq 0\}$ with a symmetry with respect to the line $Y = 0$ is partitioned into equal rectangles of size $\Delta X = 0.02$ and $\Delta Y = 0.05$. Furthermore, the maximum allowed loss of information is chosen as $l_{p,\max} = l_{\delta,\max} = 10^{-7}$. Therewith, the dimensions of the full and the reduced model yield as given in table 3.7. Figure 3.11 shows the course of central and minimum film thickness

Table 3.7.: Dimensions of the full and the reduced Non-Newtonian point contact problem.

n_x	n_y	$2n+1$	$\tilde{n}_p$	$\tilde{n}_\delta$	$\tilde{n}$	$\hat{n}$	$\check{n}$
301	41	24683	103	48	152	700	1267

with the mean surface velocity u_m for a Non-Newtonian fluid described by the parameters given in table 3.6 under the assumption of pure rolling. Here, the

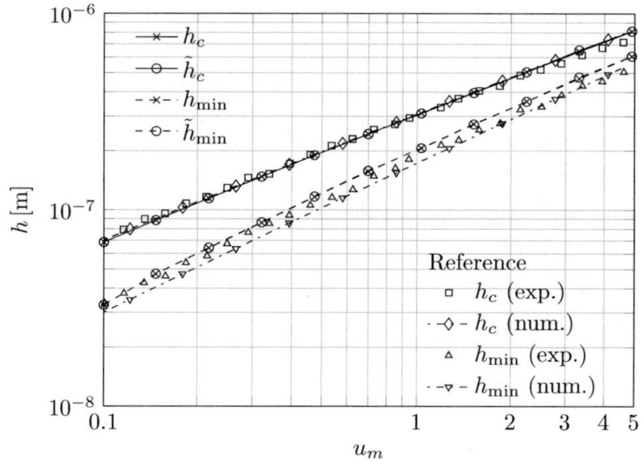

Figure 3.11.: Central and minimum film thickness over mean surface velocity for *SRR* = 0 and *NPR* = 0.2227 of full and reduced system in comparison to numerical and experimental results from [50]

results of the reduced model are marked by a tilde-sign. As a reference, the experimental and numerical film thickness results published in [16] and [50] are also plotted in the graph. The results of central film thickness of the current model are in very good accordance to both the experimental and the numerical reference values. However, the predicted minimum film thicknesses of the current model are a little larger than the ones provided by the numerical reference model. Thereby, the experimental results of minimum film thickness are lying in between the results of the two different numerical models with a higher proximity to the current model for lower mean surface velocities and a higher nearness to the model of Habchi [50] for larger mean surface velocities. However, the numerical determination of the minimum film thickness is very sensitive to e.g. the modeling of the exit boundary condition and the discretization. Therewith, it is not an appropriate measure to compare different numerical EHD models. Nevertheless, the results of both central and minimum film thickness of the reduced Non-Newtonian EHD point contact problem are in very good agreement with the results of the full one staying within a deviation of less than 1 %.

The shown results are done within the pure rolling regime. In the following, the influence of sliding onto the film thickness will be examined. Therefore, figure 3.12 illustrates the dependency of central and minimum film thickness on the slide-to-roll ratio *SRR* for different mean surface velocities. The slide-to-roll ratio

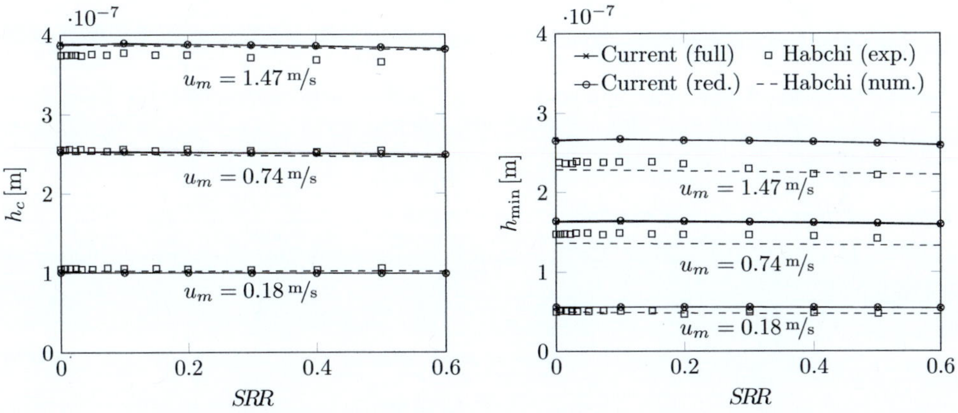

Figure 3.12.: Central (left) and minimum (right) film thickness over the slide-to-roll ratio for *NPR* = 0.2227 of full and reduced system in comparison to numerical and experimental results from [50]

has almost no influence on the film height. Again, the good agreement of the results of central film thickness and the deviation of the minimum film thickness results can be observed. The reduced system is still in very good accordance to the corresponding full system. Also the obvious behavior of an increasing film thickness with increasing mean surface velocity can be observed.

Morevover, the Non-Newtonian shear-thinning influence on the film thickness will be analyzed by varying the Non-Newtonian plateau ratio. Figure 3.13 shows the transition of central and minimum film thickness from a Non-Newtonian to Newtonian fluid. Logically, the film thickness increases with an increasing Newtonian-plateau ratio, since the shear thinning effect gets less. For *NPR* = 1 the contact is a Newtonian one. The central film thickness of the Newtonian limiting case is in accordance with the numerical central film thickness results provided by Habchi [50]. For the minimum film thickness, again the discrepancy between the current model and the numerical model from Habchi arises. Once again, the reduced and the full model perfectly fit to each other.

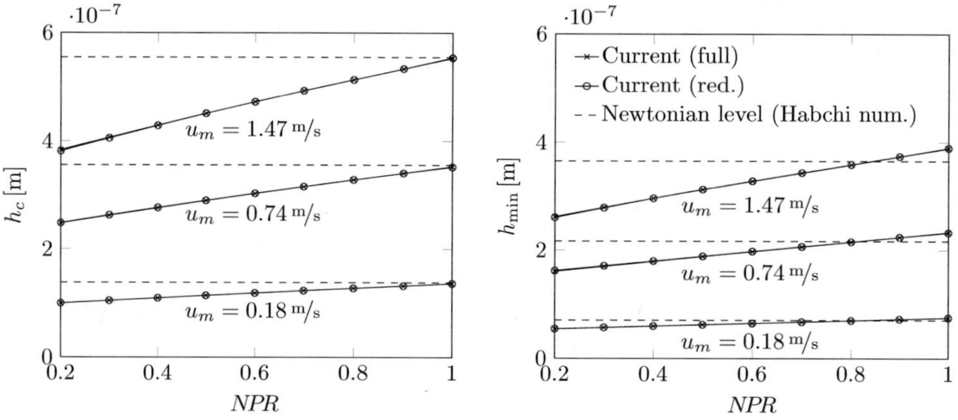

Figure 3.13.: Central (left) and minimum (right) film thickness plotted over the Newtonian-plateau ratio for *SRR* = 0 of full and reduced system

Beside of the film thickness, often the resulting friction within the lubricated contact is of interest. Here, as a measure for friction the traction coefficient is introduced:

$$\tau_f = \frac{1}{w} \int_\Omega \tau_{zx}\big|_{Z=1/2}\, \mathrm{d}\Omega. \tag{3.41}$$

Figure 3.14 shows the results of the traction coefficient τ_f in dependency of the slide-to-roll ratio. Both the full and the reduced results of traction perfectly fit to the numerical results of Habchi. However, there is a strong discrepancy between the numerical and the experimental results of traction for larger slide-to-roll ratios.

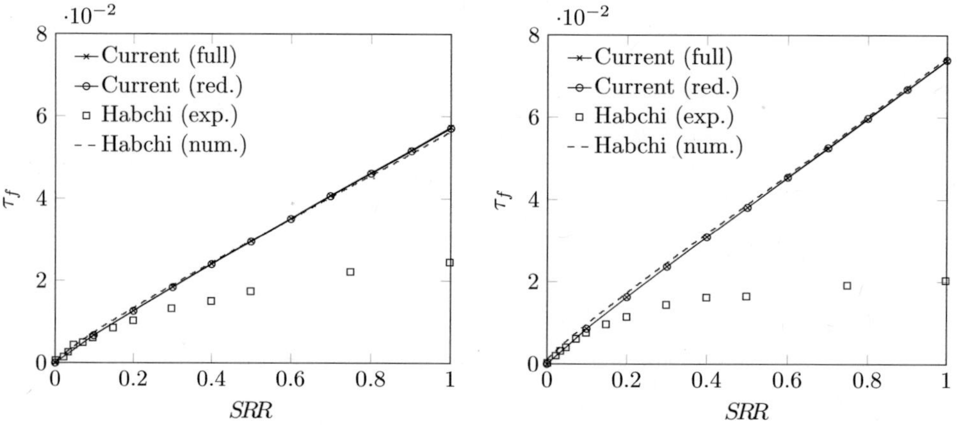

Figure 3.14.: Traction coefficient over the slide-to-roll ratio for $u_m = 0.74\,\mathrm{m/s}$ (left) and $u_m = 1.47\,\mathrm{m/s}$ (right) and *NPR* = 0.2227 of full and reduced system in comparison to numerical and experimental results from [50]

The reason for this overestimation of traction is the neglicence of any temperature effects, as can be seen in [50]. However, the consideration of temperature effects is not within the scope of this work.

In the following the robustness of the reduced Non-Newtonian EHD point contact model given above is examined. Therefore, another lubricant called PAO 650 is tested, which has a very high viscosity for low shear stresses and a strong decay of viscosity at high shear rates. The parameters of this lubricant are given in [16]. Again, the density and viscosity behavior with respect to pressure variations are modeled by the Tait-Doolittle free volume relations given above. The parameters defining the considered Non-Newtonian EHD point contact are given in table 3.8. Since the formerly introduced reduced system coming from the trainings given in

Table 3.8.: Parameters of the Non-Newtonian problem from [50] with rheological properties from [16].

$G_c = 0.031\,\mathrm{MPa}$	$B = 4.422$	$E_1 = 81\,\mathrm{GPa}$	$R = 12.7\,\mathrm{mm}$
$n_c = 0.74$	$R_0 = 0.6694$	$\nu_1 = 0.208$	$w = 32\,\mathrm{N}$
$\beta_c = 2$	$K_0 = 1.4252\,\mathrm{GPa}$	$E_2 = 210\,\mathrm{GPa}$	$\eta_0 = 1.42\,\mathrm{Pa\,s}$
	$K_0' = 12.82$	$\nu_2 = 0.3$	$(NPR = 0)$

table 3.6 is used, everything else remains the same. It may be noted at this juncture that the reduced system is calculated with another fluid. Figure 3.15 shows the central and minimum film thickness results for the new test case defined by the parameters provided in table 3.8. Since the reduced model is not trained for the corresponding case, the film thickness results of the reduced system slightly differ from the corresponding results of the full system. However, the approximation

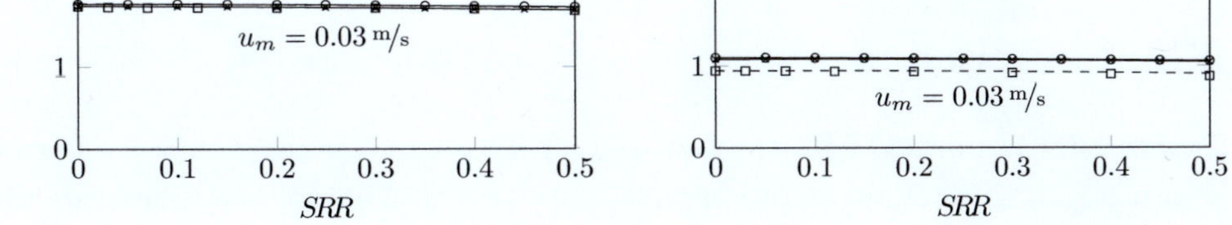

Figure 3.15.: Minimum and central film thickness over the slide-to-roll ratio for PAO 650 of full and reduced system in comparison to numerical results from [50] and experimental results from [16]

quality is still very good. Here, the same discrepancy in minimum film thickness prediction of the numerical and experimental reference results occurs, where all other results are in agreement to each other. Figure 3.16 gives the course of traction with respect to the slide-to-roll ratio. Here, for a mean surface velocity of

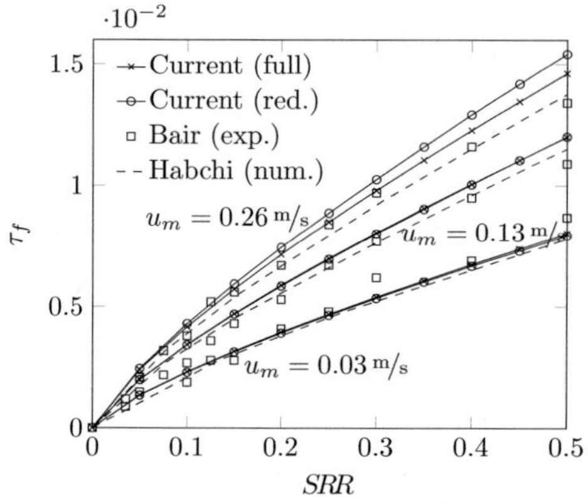

Figure 3.16.: Traction coefficient over the slide-to-roll ratio for PAO 650 of full and reduced system in comparison to numerical results from [50] and experimental results from [16]

$u_m = 0.26\,\mathrm{m/s}$, there is a small but distinct difference between the reduced and the full system for the first time. Moreover, the difference between the current model and the reference numerical model from Habchi increases with increasing mean surface velocity as well as for higher slide-to-roll ratios. However, the variance in the experimental data is of the same amplitude. Since the velocities in this test case are rather low, an isothermal modeling is adequate. So, the numerical data is in agreement with the experimental data.

As for the Newtonian EHD point contact problem, the computation of the full Non-Newtonian EHD point contact problem requires about 15 min on 24 Xeon X5690 processors, while a reduced computation can be done in about 1 s on an i5-2500 processor. Again, the solution scheme of the full problem with the fully populated flexibility matrix resulting from halfspace theory is not very efficient.

3.3. Conclusion

This chapter has dealed with the stationary EHD contact problem as a parametrical problem. Therefore, an automated adaptive algorithm for the generation of a reduced system for an EHD contact problem has been presented. The algorithm is based on a random testing and updating of the reduced system within a specified parameter space. Therefore, a fast error measure is introduced to enable the evaluation process. Furthermore, a new method for the generation of a distance measure is introduced. The distance measure permits an adequate initialization of the reduced system and serves as a selection criterion fot the starting solution. The algorithm proves to be an efficient method for the generation of reduced systems, which are accurate, efficient and robust within the specified parameter space. The particular reduced system has an average online speed-up of 50 for the EHD line contact problem and of 6000 for the EHD point contact problem. Moreover, the fully automated algorithm enables a generation of reduced models without requiring expert knowledge whereby a wide range of users is addressed.

Moreover, for the first time the Newton-Raphson method was used to solve the Non-Newtonian EHD point contact problem modeled by the generalized Reynolds equation. Thereby, the advantage of a higher convergence rate outbalances the disadvantage of a more complex film integration. The results of the current model are compared to experimental and numerical data from literature. While the central film thickness results show a very good agreement, there is a small discrepancy of the particular minimum film thickness predictions. However, the results of minimum film thickness are generally very dependent on the modeling procedure. Thus, a comparison of minimum film thickness has to be handled with care anyway. Nevertheless, the reduced system excellently reproduces the behavior of the corresponding full system with a speed-up of about 900. The integration of Non-Newtonian effects allows for a better film thickness prediction and a more precise friction modeling for a wider range of lubricants. Here, only results for the stationary Non-Newtonian EHD point contact problem are shown. However, the procedure is not restricted to this kind of contact but can be straightforwardly applied to the EHD line contact problem and to transient EHD contact problems. Since for the first time, this procedure provides the Jacobian matrix, this procedure also allows for an application of the Trajectory Piecewise Linear (TPWL) method to the transient Non-Newtonian EHD contact problem. The TPWL method will be presented in the following chapter. Thereby, the higher costs due to the film integrations do not play a role anymore, since the reduced system function and its Jacobian is built up by stored data within the online phase.

The very small computational time of the reduced system enables the use of EHD contacts in e.g. parameter studies or optimization problems. Other than current stationary compact models such as curve fits or analytical simplifications, the MOR method is not restricted to specified modelings as for instance an isothermal consideration, Newtonian fluids, Barus- or Roelands-viscosity etc. Instead, the whole physical complexity is preserved by the reduction procedure leading to a very high accuracy. Thereby, any differentiable lubricant model can be used.

Within this chapter only stationary problems have been examined. However, the nonlinear dynamics such as fluid damping are not covered by the stationary consideration. In order to also embed the EHD dynamics, the transient EHD contact is examined in the following chapter.

4. Transient EHD Contact

The nonlinear stiffness and fluid damping of an EHD contact has a strong influence on the dynamical behavior of many applications such as the bearings on a rotating shaft. In order to maintain the nonlinear dynamics, the EHD contact has to be considered as transient. In this chapter, at first, a formulation is presented where the computational area is adapted with respect to the current contact size in order to increase the similarity of the solution space and thus increase the efficiency of the reduced system. Moreover, an alternative time integration scheme, the Trajectory Piecewies Linear (TPWL) method is applied to the EHD line contact problem. The method consists of the approximation of the nonlinear system by a superposition of reduced linearized systems along specified trajectories. Finally, the different procedures are examined in a results part followed by a short conclusion.

4.1. Varying computational area

A transient EHD contact is characterized by the evolution of its parameters with time. Typical sources of excitation are a varying load, radius of curvature or entrainment velocity as it occurs in a classical cam-tappet contact. With the parameters also the size of the contact varies. Within this section, instead of taking the dry Hertzian contact of some reference parameters as presented in subsection 2.1.6, the dry Hertzian contact corresponding to the currently valid parameters is taken as reference for the nondimensionalization process. Therewith, the similarity in the solution space increases, which is beneficial for all projection based model order reduction techniques. Figure 4.1 illustrates the constant computational area and the computational area adapted to the current contact size of the corresponding dry Hertzian contact. The time dependent values of the maximum Hertzian pressure and Hertzian radius or half-width are given as

$$
\begin{aligned}
p_H &= \frac{3w}{2\pi a^2} = \sqrt[3]{\frac{3wE'^2}{2\pi^3 R^2}}, \quad && a = \sqrt[3]{\frac{3wR}{2E'}} \quad \text{for the point contact, and as} \\
p_H &= \frac{2w}{\pi a} = \sqrt{\frac{wE'}{2\pi R}}, \quad && a = \sqrt{\frac{8wR}{E'\pi}} \quad \text{for the line contact.}
\end{aligned}
\tag{4.1}
$$

Since a distortion of the time axis does not affect the similarity of the spatial solution space but reduces the handiness of time integration and postprocessing, a

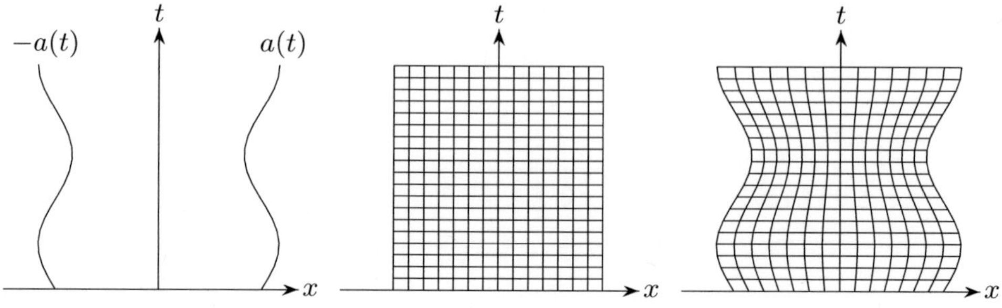

Figure 4.1.: Evolution of Hertzian radius or half-width with time (left) and the corresponding constant (center) and variable grid (right) with equidistant time step size

constant time nondimensionalization is used. In order to get a constant dimensioning factor for time, the same reference values R_{ref}, u_{ref} and w_{ref} from subsection 2.1.6 are used to calculate the reference time

$$t_{\text{ref}} = \frac{a(R_{\text{ref}}, w_{\text{ref}})}{u_{\text{ref}}}, \tag{4.2}$$

where $a(R_{\text{ref}}, w_{\text{ref}})$ is the Hertzian half width or radius of the reference framework. The marginally modified transformation for a varying computational area is defined by:

$$\begin{aligned} x &= aX, \quad y = aY, \quad t = t_{\text{ref}}T, \quad p = p_H P, \quad \lambda = \tfrac{\rho_0 a^2}{R t_{\text{ref}}}\Lambda \\ h &= \tfrac{a^2}{R}H, \quad h_0 = \tfrac{a^2}{R}H_0, \quad \delta = \tfrac{a^2}{R}\Delta, \quad \rho = \rho_0\bar{\rho}, \quad \eta = \eta_0\bar{\eta}. \end{aligned} \tag{4.3}$$

Therewith, both the dimensionless film thickness equation

$$H = H_0 + \frac{X^2 + Y^2}{2} + \Delta, \tag{4.4}$$

as well as the load balance equations

$$\int_{-\infty}^{+\infty} P(X)\,\mathrm{d}X = \frac{\pi}{2}, \qquad \text{for a line contact and} \tag{4.5}$$

$$\int_{-\infty}^{+\infty}\int_{-\infty}^{+\infty} P(X,Y)\,\mathrm{d}X\mathrm{d}Y = \frac{2\pi}{3}, \qquad \text{for a point contact} \tag{4.6}$$

are not dependent on time varying parameters which is not the case if the transformation of subsection 2.1.6 is applied. In the following two different procedures of handling the non-constant nondimensionalization and their impact on the Reynolds equation are examined. These are an Arbitrary-Lagrangian-Eulerian (ALE) approach and a Eulerian approach with remeshing.

4.1.1. Arbitrary-Lagrangian-Eulerian Approach

There are two main kinematical descriptions of a continuum: The Lagrangian and the Eulerian description. Within the Lagrangian description the computational mesh is fixed to the particular material particles and thus follows the motion of the particles. It is mainly applied in the field of rigid body mechanics whereas the application within the field of fluid mechanics is rather inconvenient, since the distinct motion of the fluid would lead to strong distortions in the mesh. Here, the Eulerian description is used instead where the computational mesh is fixed in space. As a result, the motion of the fluid has to be imposed by convective motion. Another formulation offering a larger flexibility is the Arbitrary-Lagrangian-Eulerian (ALE) description, where the computational mesh is neither fixed to the material particle nor fixed in space. Instead, the computational mesh is allowed to exhibit any arbitrary motion in between [34]. Here, the ALE mesh will perform a uniform dilation and compression such that the mesh follows the current size of the corresponding dry Hertzian contact. Figure 4.2 illustrates the movement of the ALE grid and the movement of the material particles within one time step. The

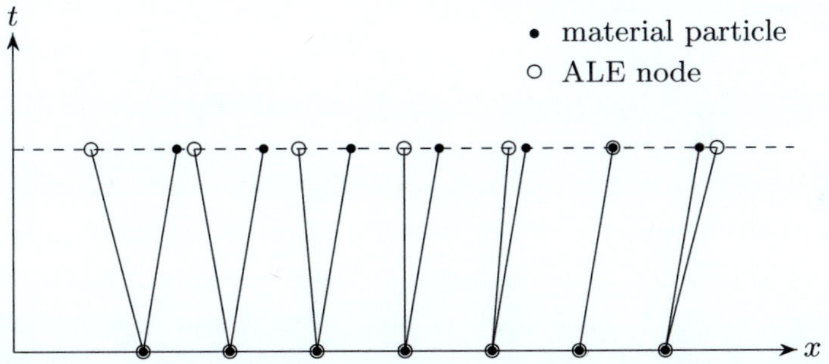

Figure 4.2.: Evolution of ALE nodes and material particles with time in one dimension

transformation between the Eulerian coordinates x, y and the ALE coordinates X, Y is given as follows:

$$x(X,t) = a(t)X, \tag{4.7}$$

$$y(Y,t) = a(t)Y. \tag{4.8}$$

Obviously, the transformation is invertible and there is no coupling between the coordinate directions. Note that the spatial nondimensionalization is already done by the transformation from a Eulerian description to the ALE description with the dimensionless spatial coordinates X and Y. With this transformation, the Reynolds equation can be given in dimensionless ALE description as

$$\frac{\partial}{\partial X}\left(\xi\frac{\partial P}{\partial X}\right)+\frac{\partial}{\partial Y}\left(\xi\frac{\partial P}{\partial Y}\right)-\left(U-\frac{\dot{a}}{a}X\right)\frac{\partial\bar{\rho}H}{\partial X}+\frac{\dot{a}}{a}Y\frac{\partial\bar{\rho}H}{\partial Y}-\frac{\partial\bar{\rho}H}{\partial T}=0 \quad (4.9)$$

with parameters $\xi(P,H)=\frac{\bar{\rho}(P)H^3}{\bar{\eta}(P)\bar{\lambda}}$, $\bar{\lambda}=\frac{12\eta_0 R_x^2}{p_H a^2 t_{\text{ref}}}$ and $U=\frac{t_{\text{ref}}u_m}{a}$. A derivation of the Reynolds equation in general ALE description is given in appendix C. As can be seen on the third term of the left side of equation (4.9), the formulation in ALE coordinates causes an artifical convective flow due to the grid motion. The motion increases with an increasing distance from the center of the contact and has a contrariwise direction on opposite sides. The grid motion superposes the convective flow of fluid particles in x-direction resulting from the surface movement. It might happen that the grid motion overtakes the convective flow of the fluid resulting in a sign change of the total convective flow in x-direction as illustrated on the right side of figure 4.2. For the point contact there is definitely a sign change in y-direction at the line $y=0$. Thus, in order to maintain a stable upwind discretization, a spatially dependent discretization is necessary, which has to be updated in every Newton iteration.

4.1.2. Eulerian Approach with Remeshing

This section deals with another procedure varying the computational area by adaptation of the mesh in every time step. Here, a Eulerian framework is used where the nodes are considered as being spatially fixed in every instance of time. So, the parameters have to be considered as being constant in time, i.e. the derivative of the parameters with respect to time is zero. The adaptation of the computational area is incorporated by adjusting the grid with respect to the current size of the corresponding dry Hertzian contact at each time step. This method will be referred to as remeshing in the following. Applying the transformation (4.3) to (2.1), the dimensionless Reynolds equation yields

$$\frac{\partial}{\partial X}\left(\xi\frac{\partial P}{\partial X}\right)+\frac{\partial}{\partial Y}\left(\xi\frac{\partial P}{\partial Y}\right)-U\frac{\partial\bar{\rho}H}{\partial X}-\frac{\partial\bar{\rho}H}{\partial T}=0. \quad (4.10)$$

with time fixed but variable sizes $\xi(P,H)=\frac{\bar{\rho}(P)H^3}{\bar{\eta}(P)\bar{\lambda}}$, $\bar{\lambda}=\frac{12\eta_0 R_x^2}{p_H a^2 t_{\text{ref}}}$ and $U=\frac{t_{\text{ref}}u_m}{a}$. However, since the grid changes in every time step, previous time steps have to be projected onto the current grid. The projection of a solution at time step j', given on the corresponding grid, to the grid of current time step j is done by a transformation γ:

$$z_{j'}^{[j]} = \gamma(z_{j'}, \mu_{j'}, \mu_j), \tag{4.11}$$

where the superscript $[\cdot]$ indicates the grid the solution is given on. If the grid and the solution are of the same instance of time, the superscript can be omitted. The mapping of γ includes a spatial interpolation and an enlargement or a reduction in direction of the particular variable, as illustrated in figure 4.3. The choice

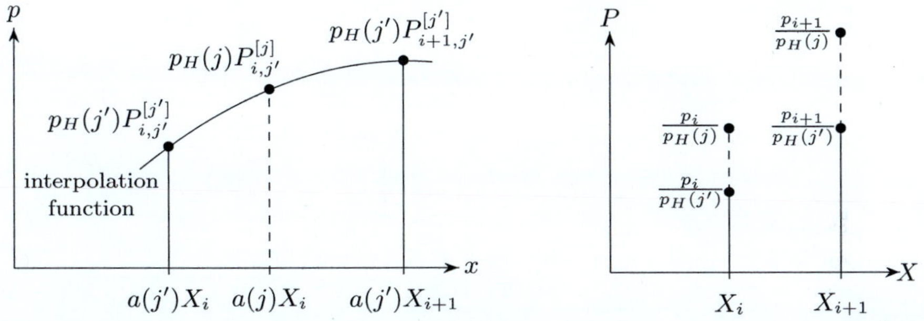

Figure 4.3.: Interpolation from grid j' to current grid j (left) and adaption of the variable sizes (right) using the example of pressure

of interpolation plays an important role for the quality of the solution. While a higher order polynomial interpolation tends to incorporate an oscillatory behavior artifically increasing the energy of the system, a linear interpolation involves numerical damping. Thus, the dynamics of the system turn out to be less distinct with a linear interpolation. The artifical energy dissipation can be reduced by using a cubic spline interpolation instead, which is a very good choice for the line contact problem. However, the grid interpolation gets more complicated for the point contact problem, which is not within the scope of this work.

4.1.3. Comparison

In this subsection the three different modelings – standard Eulerian, ALE and Eulerian with remeshing – are compared to each other. As operating condition, each system is excited by a harmonically varying load. The load can be defined by the two parameters amplitude A_{ex} and period T_{ex} of excitation in the form:

$$w(T) = w_{\text{ref}} \left(1 + A_{\text{ex}} \sin\left(\frac{2\pi}{T_{\text{ex}}} T\right)\right). \tag{4.12}$$

Hereby, two test cases are considered. The first has a moderate amplitude and a high period of excitation and the second a high amplitude and a slighly lower period of excitation. Table 4.1 summarizes the excitation parameters of the two cases and the time of the end of simulation starting from zero. In order to obtain a better comparability of the different models, the time integration is executed with a fixed time step size of 0.001. Finally, table 4.2 lists the relevant parameters.

Table 4.1.: Dimensionless amplitude, period of exitation and end of simulation for case 1 and 2

parameter	A_{ex}	T_{ex}	T_{end}
case 1	0.1	1/3	2.0
case 2	0.5	1/2	2.5

Table 4.2.: Parameters for transient EHD line contact problem

parameter	R	u_m	w_{ref}	E'	η_0	α	M	L
unit	mm	m/s	N/mm	GPa	Pa s	1/GPa	-	-
value	2	5	200	231	0.01	10	29.4	8.9

Figure 4.4 shows the relative deviation of central film thickness between the ALE formulation or Eulerian description with remeshing from the standard Eulerian description for the two cases, respectively. All three modelings are in accordance

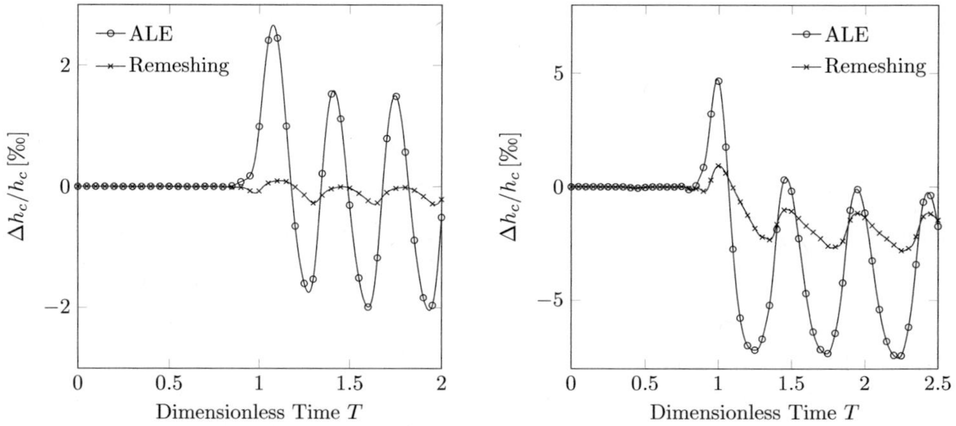

Figure 4.4.: Relative difference of central film thickness between constant and variable nondimensionalization for case 1 (left) and case 2 (right)

with each other within a deviation of less than one percent. However, the deviation between the ALE formulation and the standard Eulerian description is higher than the one between the Eulerian description with remeshing and the standard Eulerian description.

Figure 4.5 shows the loss of information of pressure l_p and deformation l_δ for a specified number of basis functions $\tilde{n}_p$ and $\tilde{n}_\delta$, respectively. Here, a fast decay

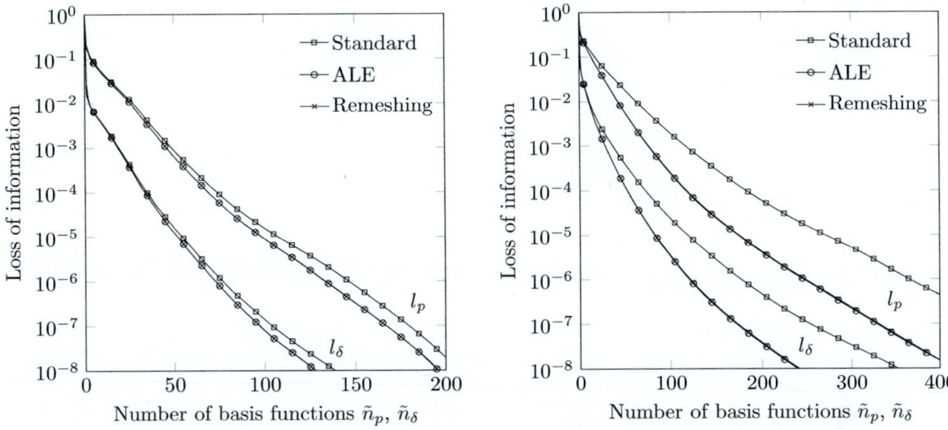

Figure 4.5.: Loss of information in pressure for case 1 (left) and case 2 (right)

of the loss of information is desirable, since the solution space exhibits a higher similarity and thus, a lower number of degrees of freedom is required. In both cases, the loss of information decreases faster for the variable computational area than for the constant one where the system with ALE formulation and the Eulerian with remeshing show the same decay. Hence, both methods, ALE and remeshing, are leading to a higher similarity of the solution space as intended. Since the transient behavior of case 2 is more distinct due to the higher amplitude, the loss of information decays much slower. Indeed, it is questionable here, if a projection based reduction is reasonable at all. Furthermore, the solution space of pressure has a higher information content than the one of the elastic deformation, as already noted in subsection 3.1.4.

4.2. Trajectory Piecewise Linear Method for EHD

In this section the TPWL method from subsection 2.2.4 will be adapted and applied to the elastohydrodynamic contact problem. The flowcharts of figure 4.6 show the procedure of the offline and the online phase of the TPWL approach. At the beginning of the offline phase, the full nonlinear system has to be computed for the specified training trajectories. All resulting solutions for every trajectory at every time step are used as snapshot for the POD leading to a global trial basis. In the further process, a subset of all time steps is chosen as operating

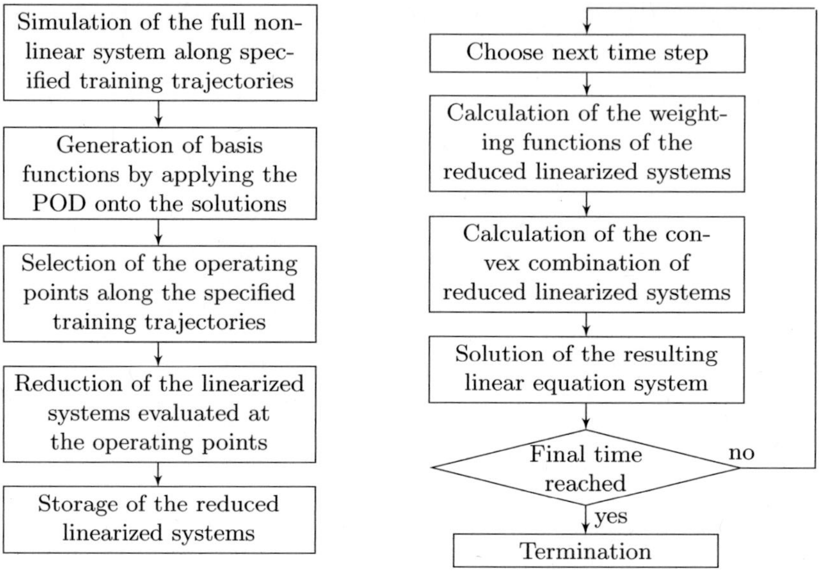

Figure 4.6.: Offline (left) and online (right) phase of the TPWL approach

points. More information on how to select the operating points can be found in subsection 4.2.1. Using a Galerkin projection (see 2.3.2), the linearized systems at the operating points are reduced. The resulting reduced linearized systems are stored in the working memory building up the TPWL model.

For every time step within the online phase three operations have to be executed. The first operation contains the determination of the weighting functions for each stored reduced linearized system. The second part consists of a superposition of the reduced linearized system according to the weighting functions. Within the last step, the resulting linearized system is solved. Please note that all operations including the weighting procedure, which will be described in the following, are low scaled.

In the following the whole procedure is described in a more detailed way. Therefore, the EHD contact problem from section 2.1 will be brought into the form of a differential algebraic equation system of first order. First of all, the EHD problem can be formulated in the continous dimensionless form as

$$\frac{\mathrm{d}}{\mathrm{d}T}\begin{bmatrix} \bar{\rho}H \\ 0 \\ 0 \end{bmatrix} = \begin{bmatrix} \frac{\partial}{\partial X}\left(\frac{\bar{\rho}H^3}{\bar{\eta}\lambda}\frac{\partial P}{\partial X}\right) - \bar{u}\frac{\partial \bar{\rho}H}{\partial X} - \bar{\gamma}_{\text{pen}}\min(P,0) \\ \Delta + \frac{1}{2\pi}\int_\Omega P(X',T)\ln\left((X-X')^2\right)\mathrm{d}X' \\ \int_\Omega P(X,Y)\,\mathrm{d}X - \frac{\pi}{2}\bar{w}(T) \end{bmatrix}, \tag{4.13}$$

for the line contact and as

$$\frac{\mathrm{d}}{\mathrm{d}T}\begin{bmatrix}\bar{\rho}H\\0\\0\end{bmatrix}=\begin{bmatrix}\frac{\partial}{\partial X}\left(\frac{\bar{\rho}H^3}{\bar{\eta}\bar{\lambda}}\frac{\partial P}{\partial X}\right)+\frac{\partial}{\partial Y}\left(\frac{\bar{\rho}H^3}{\bar{\eta}\bar{\lambda}}\frac{\partial P}{\partial Y}\right)-\bar{u}\frac{\partial\bar{\rho}H}{\partial X}-\bar{\gamma}_{\mathrm{pen}}\min(P,0)\\ \Delta-\frac{2}{\pi^2}\iint_\Omega\frac{P(X',Y')\,\mathrm{d}X'\mathrm{d}Y'}{\sqrt{(X-X')^2+(Y-Y')^2}}\\ \iint_\Omega P(X,T)\,\mathrm{d}X\,\mathrm{d}Y-\frac{2\pi}{3}\bar{w}(T)\end{bmatrix}, \tag{4.14}$$

for the point contact, where the dimensionless film thickness $H(\Delta, H_0, \bar{R})$ is given by equation (2.24). At the boundary of the computational domain the pressure is set to zero. Both dynamical systems have the form

$$\frac{\mathrm{d}}{\mathrm{d}T}g\left(P,\Delta,H_0,\bar{R}\right)=f\left(P,\Delta,H_0,\bar{\lambda},\bar{R},\bar{u},\bar{w}\right), \tag{4.15}$$

with unknowns P, Δ and H_0, parameter $\bar{\lambda}$ and inputs $\bar{R}$, $\bar{u}$ and $\bar{w}$. The system might depend on further parameters given in the rheological functions for $\bar{\eta}$ and $\bar{\rho}$. After semi-discretization in space as described in subsection 2.1.7, system (4.15) has the general semi-discretized form

$$\frac{\mathrm{d}}{\mathrm{d}T}\boldsymbol{g}\left(\boldsymbol{z}(T),\boldsymbol{\mu},\boldsymbol{u}(T)\right)=\boldsymbol{f}\left(\boldsymbol{z}(T),\boldsymbol{\mu},\boldsymbol{u}(T)\right), \tag{4.16}$$

with the state vector $\boldsymbol{z}$, the parameter vector $\boldsymbol{\mu}$ and the input vector $\boldsymbol{u}$ as defined in subsection 2.1.8. In comparison to the standard form (2.83) of a nonlinear dynamical system for TPWL, here, the input vector $\boldsymbol{u}$ cannot be written separately, since the two inputs $\bar{R}$ and $\bar{u}$ are not linearly dependent. In contrast, even the system function $\boldsymbol{g}$ in the time derivative is dependent on $\bar{R}$. The linearization of the system functions $\boldsymbol{f}$ and $\boldsymbol{g}$ with respect to state eliminates the influence of the input. In order to reintroduce the input, $\boldsymbol{f}$ and $\boldsymbol{g}$ also have to be linearized with respect to the input vector as similarly proposed in [87]. So, the nonlinear system functions $\boldsymbol{f}$ and $\boldsymbol{g}$ for a specific parameter set $\boldsymbol{\mu}_j$ can be approximated by the linearizations with respect to the state $\boldsymbol{z}_i$ and the input $\boldsymbol{u}_i$ in the form

$$\boldsymbol{f}\left(\boldsymbol{z},\boldsymbol{\mu}_j,\boldsymbol{u}\right)\approx\boldsymbol{f}|_{ij}+\left.\frac{\partial\boldsymbol{f}}{\partial\boldsymbol{z}}\right|_{ij}(\boldsymbol{z}-\boldsymbol{z}_i)+\left.\frac{\partial\boldsymbol{f}}{\partial\boldsymbol{u}}\right|_{ij}(\boldsymbol{u}-\boldsymbol{u}_i), \tag{4.17}$$

$$\boldsymbol{g}\left(\boldsymbol{z},\boldsymbol{\mu}_j,\boldsymbol{u}\right)\approx\boldsymbol{g}|_{ij}+\left.\frac{\partial\boldsymbol{g}}{\partial\boldsymbol{z}}\right|_{ij}(\boldsymbol{z}-\boldsymbol{z}_i)+\left.\frac{\partial\boldsymbol{g}}{\partial\boldsymbol{u}}\right|_{ij}(\boldsymbol{u}-\boldsymbol{u}_i). \tag{4.18}$$

In general, a nonlinear system can be approximated well by its corresponding linearization, as long as the state (and the input) is close enough to the particular linearization/operating point. Since the linearized systems are represented by constant evaluations of the system functions and their Jacobians, they can be reduced once and then stored in reduced form. Here, the reduction takes place by applying the projection as described in subsection 2.2.1, where a Galerkin approach with

$$\boldsymbol{z} \approx \boldsymbol{V}\tilde{\boldsymbol{z}} \tag{4.19}$$

and $\boldsymbol{W} = \boldsymbol{V}$ is used. Therewith, the reduced linearized system evaluated at the operating point defined by parameter combination $\boldsymbol{\mu}_j$, state $\boldsymbol{z}_i$ and input vector $\boldsymbol{u}_i$ has the form

$$\frac{\mathrm{d}}{\mathrm{d}T}\left(\boldsymbol{A}_{ij} + \boldsymbol{B}_{ij}\tilde{\boldsymbol{z}} + \boldsymbol{C}_{ij}\boldsymbol{u}\right) = \boldsymbol{D}_{ij} + \boldsymbol{E}_{ij}\tilde{\boldsymbol{z}} + \boldsymbol{F}_{ij}\boldsymbol{u}, \tag{4.20}$$

where the constant reduced system matrices are given by

$$\boldsymbol{A}_{ij} = \boldsymbol{V}^T\left(\boldsymbol{g}\big|_{ij} - \frac{\partial \boldsymbol{g}}{\partial \boldsymbol{z}}\bigg|_{ij}\boldsymbol{z}_i - \frac{\partial \boldsymbol{g}}{\partial \boldsymbol{u}}\bigg|_{ij}\boldsymbol{u}_i\right), \tag{4.21}$$

$$\boldsymbol{B}_{ij} = \boldsymbol{V}^T\,\frac{\partial \boldsymbol{g}}{\partial \boldsymbol{z}}\bigg|_{ij}\boldsymbol{V}, \tag{4.22}$$

$$\boldsymbol{C}_{ij} = \boldsymbol{V}^T\,\frac{\partial \boldsymbol{g}}{\partial \boldsymbol{u}}\bigg|_{ij}, \tag{4.23}$$

$$\boldsymbol{D}_{ij} = \boldsymbol{V}^T\left(\boldsymbol{f}\big|_{ij} - \frac{\partial \boldsymbol{f}}{\partial \boldsymbol{z}}\bigg|_{ij}\boldsymbol{z}_i - \frac{\partial \boldsymbol{f}}{\partial \boldsymbol{u}}\bigg|_{ij}\boldsymbol{u}_i\right), \tag{4.24}$$

$$\boldsymbol{E}_{ij} = \boldsymbol{V}^T\,\frac{\partial \boldsymbol{f}}{\partial \boldsymbol{z}}\bigg|_{ij}\boldsymbol{V}, \tag{4.25}$$

$$\boldsymbol{F}_{ij} = \boldsymbol{V}^T\,\frac{\partial \boldsymbol{f}}{\partial \boldsymbol{u}}\bigg|_{ij}. \tag{4.26}$$

Here, the matrices $\boldsymbol{A}_{ij}$ and $\boldsymbol{D}_{ij}$ are basically representing the system functions $\boldsymbol{g}$ and $\boldsymbol{f}$, the matrices $\boldsymbol{B}_{ij}$ and $\boldsymbol{E}_{ij}$ the Jacobians with respect to state and $\boldsymbol{C}_{ij}$ and $\boldsymbol{F}_{ij}$ the Jacobians with respect to the input vector, respectively. Finalising the offline phase, the particular matrices $\boldsymbol{A}_{ij}$ to $\boldsymbol{F}_{ij}$ representing a particular reduced linearized system are stored in the working memory.

The TPWL representative of the nonlinear system (4.16) is a convex combination of reduced linearized systems in the form (4.20). A convex combination is a linear combination where the coefficients are greater or equal to zero and the sum of the coefficients is one. As proposed in [7], there is an additional weighting to cope with the parameter dependency. So, the resulting parametrical TPWL representative has the form

$$\frac{\mathrm{d}}{\mathrm{d}T}\sum_{j=1}^{q} v_j(\boldsymbol{\mu})\tilde{\boldsymbol{g}}_j = \sum_{j=1}^{q} v_j(\boldsymbol{\mu})\tilde{\boldsymbol{f}}_j, \tag{4.27}$$

where v_j are the coefficients of the convex combination handling the q parameter combinations and $\tilde{\boldsymbol{g}}_j$ and $\tilde{\boldsymbol{f}}_j$ are the particular convex combinations

$$\tilde{\boldsymbol{g}}_j = \sum_{i=0}^{m(j)-1} w_i(\tilde{\boldsymbol{z}}) \left(A_{ij} + B_{ij}\tilde{\boldsymbol{z}} + C_{ij}\boldsymbol{u}\right),$$

$$\tilde{\boldsymbol{f}}_j = \sum_{i=0}^{m(j)-1} w_i(\tilde{\boldsymbol{z}}) \left(D_{ij} + E_{ij}\tilde{\boldsymbol{z}} + F_{ij}\boldsymbol{u}\right),$$

coping with the weighting with respect to state. The TPWL submodels $\tilde{\boldsymbol{g}}_j$ and $\tilde{\boldsymbol{f}}_j$ of the j-th parameter combination consist of $m(j)$ operating points leading to a total number of

$$s = \sum_{j=1}^{q} m(j) \tag{4.28}$$

operating points. Please note that both $\tilde{\boldsymbol{g}}_j$ and $\tilde{\boldsymbol{f}}_j$ are not linear in $\tilde{\boldsymbol{z}}$ due to the weighting functions $w_i(\tilde{\boldsymbol{z}})$.

The performance of the TPWL method depends crucially on the choice of operating points as well as on the weightings for the convex combinations. Figure 4.7 illustrates the weighting procedure with respect to the parameters and with respect to the state. The parameter weighting functions v_j are determined by a linear in-

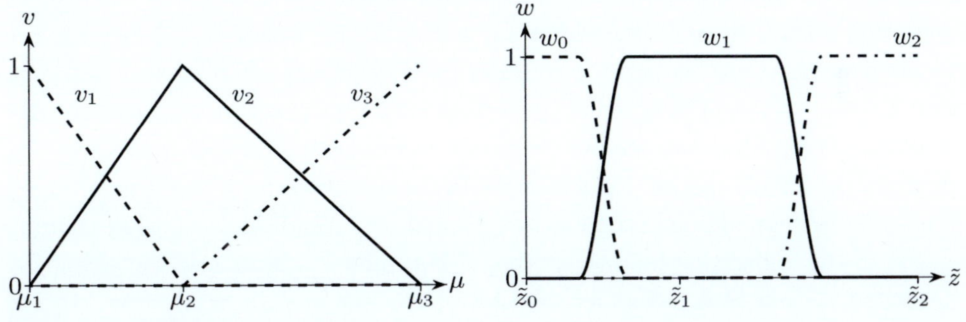

Figure 4.7.: Weighting functions for parameter v_i (left) and state w_i (right) in a one dimensional framework

terpolation within the parameter space using the trained parameter combination as sampling points. So, the parameter influence is handled by an interpolation between different TPWL submodels $\tilde{\boldsymbol{g}}_j$ and $\tilde{\boldsymbol{f}}_j$. Consequently, if the test parameter combination is equivalent to one of the q training parameter combinations, no interpolation is required which directly leads to a lower computational time. The weighting functions w_i for the state are determined as proposed in [98] with the restriction that only weights larger than 0.001 are considered. Unchanged, the weightings still have to sum up to one. Thereby, the weightings are calculated using the Euclidean distance between the reduced solutions $\|\tilde{z} - \tilde{z}_i\|_2$ in the form

$$\tilde{w}_i(\tilde{z}) = \exp\left(-\frac{25\,\|\tilde{z} - \tilde{z}_i\|_2}{\min\limits_{i\in\{0,\ldots,s-1\}} \|\tilde{z} - \tilde{z}_i\|_2} \right). \tag{4.29}$$

The resulting weighting functions are then normalized such that their sum is equal to one. Obviously, the weightings are always bigger than zero implicating that all linearized systems would be part of the linear combination even though their influence is negligable. In oder to cope with this problem, all weightings which are smaller than 0.001 are neglected. In order to restore the condition of a convex combination, again a normalization of the remaining weightings is executed. Please note that the evaluations of the weighting procedure are rather cheap, since the weightings are computed using the reduced state vector. The next paragraph deals with a new method on how to select the operating points.

4.2.1. Selection of Operating Points

A sufficient number of operating points is essential for a good approximation of the TPWL model. However, it makes no sense to add further operating points at an area of the state space, which is already covered adequately by the present operating points. In contrast, adding further operating points would increase the required storage capacity and the complexity of weighting and therewith deteriote the efficiency of the TPWL model. In section 2.2.4 typical selection procedures are drafted. Figure 4.8 shows the flowchart of a new selection procedure of operating points of the TPWL model. Even though the procedure seems to be rather obvious, it has not been found in literature so far. After defining and calculating the training sets with the underlying full solver, the TPWL model is initialized by taking the linearized system of the starting solution of the first training trajectory. In the following, for every time step of every training, each reference solution of the training is compared to the approximation coming from the currently valid TPWL model. Therefore, the linearized system of the TPWL model, whose operating point has the minimal Euclidean distance to the currently considered solution, is time integrated. As soon as the Euclidean distance between the referential training solution and the solution coming from the TPWL model is larger than a specified threshold, the solution is taken as a new operating point of the TPWL model:

$$\operatorname*{argmin}_{j\in\{0,\ldots,s-1\}} \frac{\|\tilde{z} - \tilde{z}_j\|}{\|\tilde{z}_j\|} < \beta \tag{4.30}$$

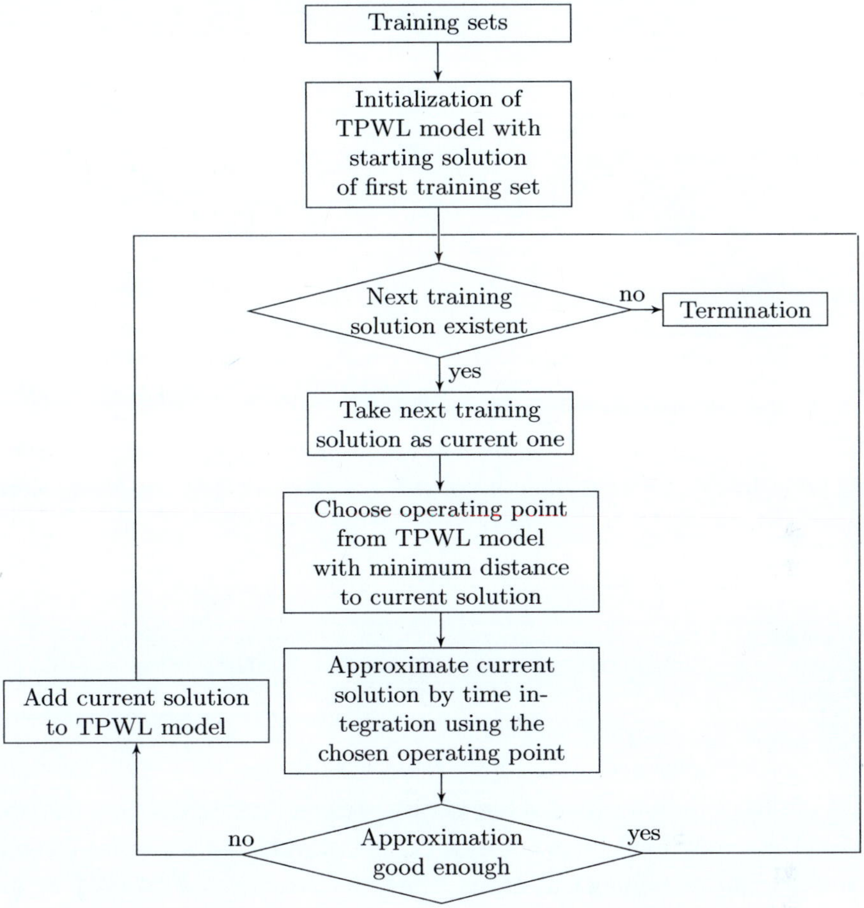

Figure 4.8.: Selection procedure of operating points for TPWL model

Since the whole procedure takes place within the reduced scheme, the selection procedure takes less time than the common principles addressed in subsection 2.2.4. Furthermore, the new procedure ensures that different ranges of validity of the particular operating points are incorporated in the selection criterion. Thus, systems with locally changing nonlinearities will be sampled adaptively as illustrated in figure 4.9. So, areas of the state space, which are less nonlinear, are sampled more coarsely than the one with a higher nonlinearity. Consequently, without loss of accuracy a smaller number s of operating points have to be selected.

In the following the new approach is confronted with the classical selection procedure given by (2.85). Therefore, the EHD line contact problem is excited by a harmonic variation of radius of curvature, mean surface velocity and load in the form:

$$\{R, u_m, w\}(T) = \{R_{\text{ref}}, u_{\text{ref}}, w_{\text{ref}}\}(1 + 0.1 \sin(2\pi T)), \tag{4.31}$$

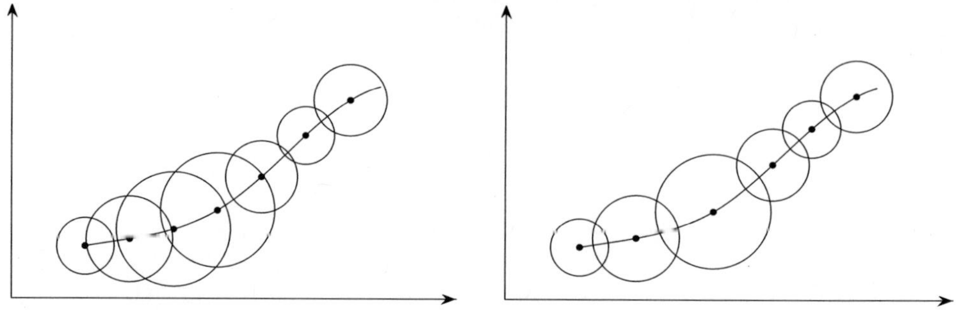

Figure 4.9.: Illustration of operating points selection using approach (2.85) with Euclidean distances of solutions (left) and new TPWL based approach (right) using the example of a 2-dimensional state space

where table 4.3 provides the underlying parameters of the test trajectory. Finally,

Table 4.3.: Parameters for transient EHD line contact problem

parameter	R_{ref}	u_{ref}	w_{ref}	E'	η_0	α	M	L
unit	mm	m/s	N/mm	GPa	Pa s	1/GPa	-	-
value	10	2.5	200	220	0.01	17.8	~19.1	~8.5

table 4.4 lists simulational parameters of three different test cases. The first two are based on the standard selection criterion (2.85), based on the Euclidean distance of the solutions of the training trajectory. The latter uses the new selection approach for operating points described above. The cases are chosen such that case 1 has

Table 4.4.: Simulational parameters of three test cases

case	method	δ	s
1	Euclidean distance	$1.2 \cdot 10^{-2}$	452
2	Euclidean distance	$1.0 \cdot 10^{-2}$	537
3	TPWL based approach	$1.0 \cdot 10^{-3}$	433

about the same number of operating points s as case 3 using the new selection approach. On the other hand, the second case tries to be of same accuracy as the last case. Figure 4.10 summarizes the distribution of operating points along the training trajectory. As expected, for the latter case the density of the operating points varies along the trajectory, as can be seen by the different slopes of the curves. In contrast, the operating point density of the first two cases using the Euclidean distance is rather constant. Finally, figure 4.11 shows the dimensionless

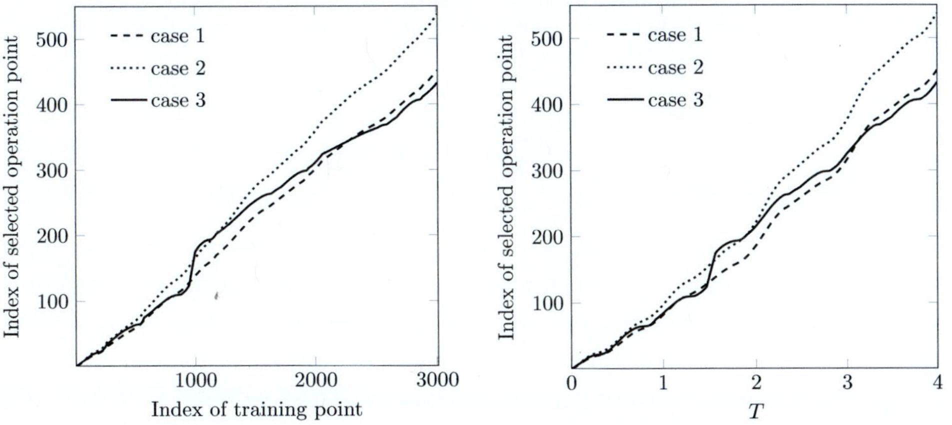

Figure 4.10.: Selected operating points over the index of the time step (left) or over time of the underlying training trajectory

central pressure and film thickness curve with time of the full solution and its relative differences to the approximations coming from the TPWL models of the three test cases. The latter case has clearly a higher accuracy than the first case,

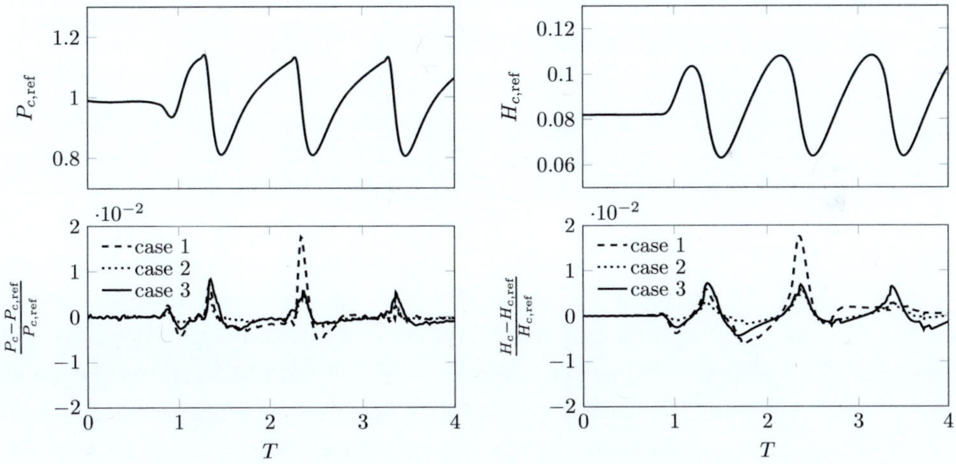

Figure 4.11.: Reference central pressure and film thickness and the relative deviation of the three cases

especially if the peaks of deviation are considered. However, the TPWL model based on the second case provides a better solution than the one of the latter case. Here, 24 % more operating points are used though.

Summing up, for the underlying system there is a slight improvement attainable. So, a decrease in operating points of roughly estimated 10 % at a constant accuracy or a slight but distinct improvement in accuracy for the same number of operating points can be achieved using the new selection approach. Therewith, in addition to the lower offline costs, the new approach is a good alternative for an adequate selection of operating points.

4.2.2. Comparison

Within this part the performance of the TPWL model is compared to the one of the Newton-Raphson based reduction method with system approximation as described in subsection 2.3.3. Therefore, two different load cases are studied: a moderately and a highly loaded contact problem. The two contact problems, initially being at rest, are stimulated by a harmonic load excitation. The excitation is of moderate amplitude A_{ex} with a period T_{ex} around the characteristic time of the system:

$$\bar{w} = 1 + A_{\mathrm{ex}} \sin\left(\frac{2\pi}{T_{\mathrm{ex}}} T\right), \quad \text{with } T_{\mathrm{ex}} = \frac{1}{2} \text{ and } A_{\mathrm{ex}} = \frac{1}{10}. \tag{4.32}$$

The lubricant is modeled as compressible fluid using the Dowson-Higginson relation (2.10) and the Roelands viscosity model (2.12). The system parameters can be found in table 4.5. The calculations on the equidistantly discretized computa-

Table 4.5.: Parameter values for case 1 and case 2

parameter	R_{ref}	u_{ref}	w_{ref}	E'	η_0	α
unit	m	m/s	N/mm	GPa	Pa s	1/GPa
case 1	0.01	2.5	200	231	0.01	20
case 2	0.01	2.5	1200	231	0.01	20

tional area $\{-4 \leq X \leq 2\}$ with step size $h_x = 0.005$ are executed with Matlab on an i5-2500 CPU. In the following, the influence of the number of operating points on the efficiency and accuracy of the TPWL model is examined. Therefore, the tolerance β according to equation (2.85) is varied. Figure 4.12 shows the number of time steps and the total computational time for the whole trajectory and the resulting averaged deviation of the central film thickness $H_c = H(X = 0)$. The latter is determined by taking the Euclidean distance between the full and the particular reduced solution of central film thickness divided by the Euclidean norm of the full one and acts as a measure for accuracy. Therefore, the solutions are interpolated to an equidistant time array of adequate step size. The number of operating points s follows directly from the choice of the tolerance β. Since in general the quality of the approximation of a linearized system gets worse for larger distances from the linearization point, the number of operating points – and therewith the density of the operating points – has a strong influence on the accuracy of the TPWL model. Thus, a too large tolerance leads to a bad accuracy

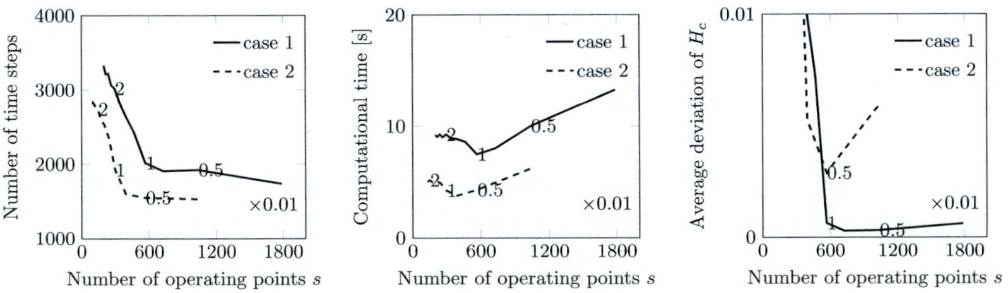

Figure 4.12.: Influence of the number of operating points on the TPWL model in comparison to the reduced Newton method for a relative tolerance of $\epsilon = 0.001$ where the numbers in the figure are the particular tolerances β.

of the corresponding TPWL model. On the other hand, there exists an optimal density of operating points, where a further refinement has no positive influence anymore. Instead, the weighting procedure gets more complex and thus, a larger computational time is required. Furthermore, a larger amount of operating points necessitates a larger amount of required workspace. The TPWL model shows a better accuracy for the moderately loaded case 1. However, the necessary number of time steps, the computational time and the number of necessary operating points is lower for the highly loaded case 2.

Table 4.6 gives a short comparison of the efficiency of the full system, the reduced system with system approximation and the TPWL model. Here, the system approximation is done using $\hat{n} = 300$ evaluations of the nonlinear part of the system function. Moreover, the tolerance β is chosen to be 0.01 for case 1 and 0.0075 for case 2, leading to an optimal tradeoff between accuracy and efficiency of the underlying TPWL model.

Table 4.6.: Dimensions of the system and computational time per time step for case 1 and case 2

	dimensions		time per time step [s]		
	n	$\tilde{n}$	Full	Newton	TPWL
case 1	2403	251	0.79	0.026	0.0038
case 2	2403	199	0.89	0.021	0.0022

As already seen in section 3, the similarity of the solution space is larger for higher loaded contacts. Consequently, the number of basis functions $\tilde{n}$ for the reduced system is smaller for case 2 than for case 1. Furthermore, a smaller amount of operating points results. Therewith, the computational time per time step is higher for case 1. Here, only the rather uncomplex reproduction of a trajectory is considered. Further examinations of more variant and complex TPWL models will be done in the following results section.

4.3. Results

The results section of the transient EHD contact problem is split in two parts. The first part deals with a load excitation which is a superposition of an excitation with a large amplitude and a large period and one with a low amplitude and a low period. The second part considers a complex composition of different trajectories with multiple input functions and a parameter dependency. All calculations are formulated on an equidistant dimensionless spatial grid of size $\{-4 \leq X \leq 2\}$ with step size $h_x = 0.005$ leading to a total number of $n = 1201$ spatial grid points and a total number of degrees of freedom of 2403. Throughout this section, the two reduction schemes, the reduced Newton method with system approximation (RNSA) and the Trajectory Piecewise Linear approch (TPWL) are compared to each other.

Multi-Scale Excitation

Often, machine cycles include multiple excitations of different amplitude and frequency such as a bearing of a rotating shaft with a gear contact. In order to simulate such a behavior a slow load excitation with a large amplitude is superposed with a fast load excitation with a small amplitude:

$$\bar{w}(T) = 1 + 0.8 \sin\left(\frac{\pi}{4}T\right) + 0.1 \sin\left(4\pi T\right), \tag{4.33}$$

whereas the time integration is done with an equidistant time step size of $h_t = 0.001$ for 12 characteristic periods of time. Figure 4.13 illustrates the superposed excitation of dimensionless load. Here, the same parameters as given in table 4.2

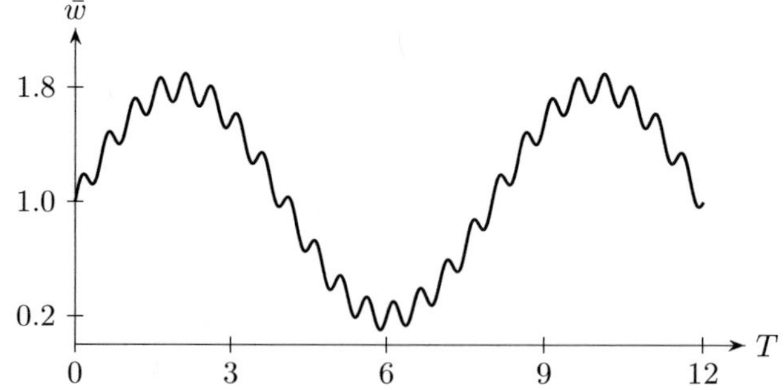

Figure 4.13.: Input signal of test trajectories

are chosen. The computation is executed for the system in the standard Eulerian description using both RNSA and TPWL as well as for the system in ALE description and in Eulerian description with remeshing. The TPWL approach makes no sense for the Eulerian formulation with remeshing, since the interpolation of each reduced system to the current mesh is too time consuming and supposably too imprecise. Moreover, tests have shown that using the presented weighting procedure, the TPWL approach is also not feasible for the system formulated in an ALE description, since the influence of the Jacobian of the input vector is too large. So, ALE and remeshing are only executed with RNSA as a reduction procedure.

Figure 4.14 compares the results of central pressure and film thickness of the full and reduced systems in the three different descriptions, whereas a maximum loss of information of pressure and deformation of $l_{p,\max} = l_{\delta,\max} = 10^{-5}$ is tolerated. The

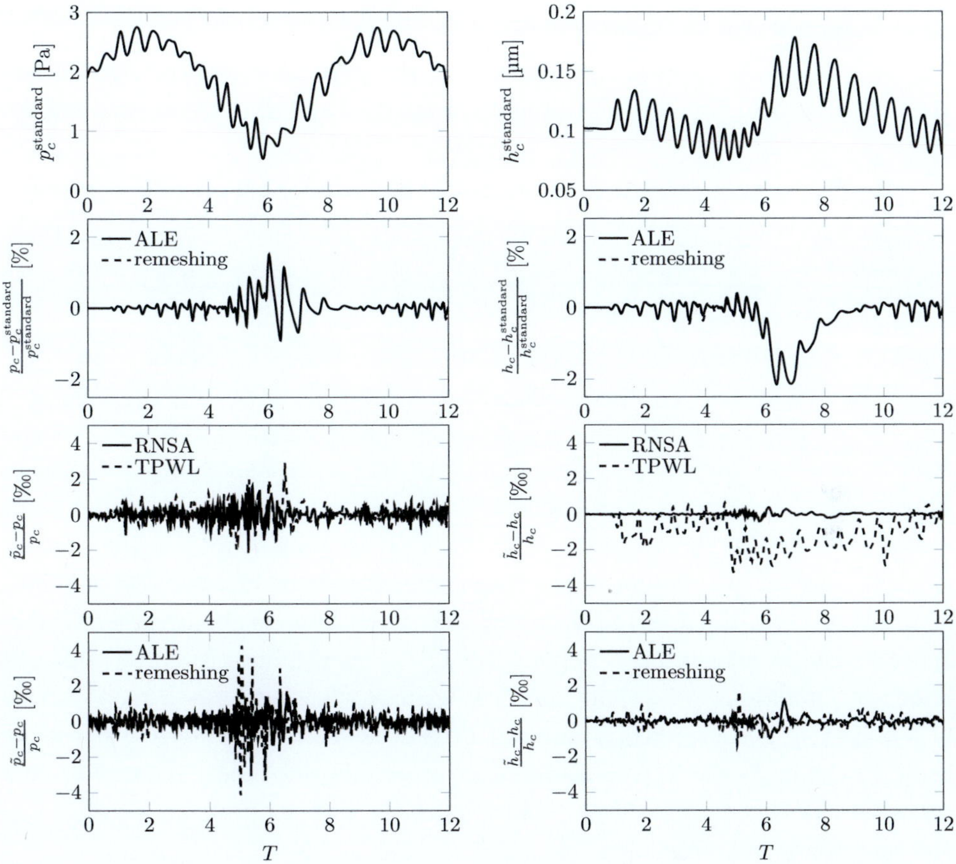

Figure 4.14.: Comparison of the results of central pressure (left) and film thickness (right) of the full and reduced models for the descriptions Eulerian (standard), ALE and Eulerian with remeshing

first row gives the central pressure and film thickness of the full system in standard Eulerian description. The second row shows the relative differences to the results of the full systems of contact size adapting descriptions ALE and Eulerian with remeshing. Hereby, the differences go up to 2 % and are maximal around $T = 6$, where the load is minimal and therewith the contact size as well. As a result, the grid density of the standard Eulerian description is relatively coarse and in consequence less accurate than the contact size adapting descriptions. Whereas, the results of the ALE based system and the one of the Eulerian description with remeshing are basically identical. The two graphs below give the relative differences in central pressure and film thickness between the particular reduced systems and the corresponding full one. In contrast, the error remains below 0.5 % throughout the whole simulation time. Thus, it stays below the deviations due to different descriptions. Hereby, the TPWL solution exhibits a slight but clear offset in central film thickness.

Finally, table 4.7 lists the dimensions of the particular reduced system and the computational time of the full and the reduced system. Again, the reduced

Table 4.7.: Dimensions and computational time of the particular full and reduced system

modeling method	reduction method	dimensions				comp. time [s]	
		$\tilde{n}_p$	$\tilde{n}_\delta$	$\tilde{n}$	$\hat{n}(\overset{*}{s})$	full	red.
Standard	RNSA	216	101	318	400	10004	419
Standard	TPWL	216	101	318	590*	10004	73
ALE	RNSA	117	60	178	300	9545	141
Remeshing	RNSA	116	60	177	300	9639	170

models provide a distinct speed-up compared to the corresponding full models. Furthermore, a contact size related computational area adaption turns out to be clearly beneficial in this context. Here, the increase of similarity in the solution space is reflected in a diminishment of the number of basis function size of almost 50 %. As a result, the speed-up factor of the computation is about three. Further speed-up can be achieved by applying the TPWL model, here. However, this test is of less significance for rating the TPWL approach, since only a reproduction of a trajectory is considered, where the TPWL model is particularly efficient. In order to challenge the TPWL method, a rather complex model is build up and tested in the next part including multiple inputs with multiple trajectories and the variation of one parameter.

Multiple Input Function

This part provides a comparison of the TPWL model with standard reduced Newton method with system approximation. Hereby, a rather challenging test case will be introduced, including various effects. Therefore, the underlying system is parameterized and has multiple input functions along different trajectories. Here, an adaptive time stepping procedure is used. In this connection, the inputs $\bar{R}$, $\bar{u}$ and $\bar{w}$ are considered

$$\{\bar{R}, \bar{u}, \bar{w}\} = 1 + A_{\text{ex}} \sin\left(\frac{2\pi}{T_{\text{ex}}} T\right), \quad (4.34)$$

with $A_{\text{ex}} = 0.1$. Trainings are captured for three different periods $T_{\text{ex}} \in \{\frac{1}{3}, \frac{1}{2}, 1\}$. Furthermore, the static reference load w_{ref} is taken as single parameter. The whole training is done for three different parameter sets as given in table 4.8. Thus, a total number of nine different training trajectories has to be computed.

Table 4.8.: Parameter values for case 1 and case 2

parameter	R_{ref}	u_{ref}	w_{ref}	E'	η_0	α
unit	m	m/s	N/mm	GPa	Pa s	1/GPa
set 1	0.01	2.5	400	231	0.01	5
set 2	0.01	2.5	600	231	0.01	5
set 3	0.01	2.5	800	231	0.01	5

Here, a problem with a rather low viscosity is considered (see parameter α). In consequence, the film thickness is small and the problem gets numerically stiff.

Figure 4.15 gives the solutions of dimensionless central pressure and film thickness of two training trajectories of set 2 and the relative differences of their reproductions generated by the reduced Newton method with system approximation and by the TPWL model. The results from the full system can be reproduced well by both the RNSA method and the TPWL model. Hereby, the RNSA method exhibits a higher accuracy than the TPWL model. The results in figure 4.15 also show some interesting physical behavior. Firstly, the amplitudes of pressure and film thickness fluctuations are less distinct for the overcritical excitation $T = 1/3$, than those for the characteristic excitation $T = 1$. Furthermore, the overcritical excitation produces an offset of the mean central film thickness of about 23% in comparison to the stationary central film thickness. The performance of the three algorithms can be found in table 4.9. It can be seen that there is a distinct speed-up of the TPWL model in comparison to the reduced Newton method for this case.

To test a different trajectory for the three inputs $\bar{R}$, $\bar{u}$ and $\bar{w}$, a parameterized input function with parameter $0 \leq s \leq 1$ is chosen. The input function can be continously varied between a triangle ($s = 0$) and a square wave ($s = 1$). Figure 4.16 illustrates the parameterized input function. Thus, the test trajectory is not part of the training trajectories. With increasing s, the test trajectory gets more and more challenging, since the transition between the high and the low input level becomes sharper. The test trajectories are calculated for the parameters $w_{\text{ref}} =$

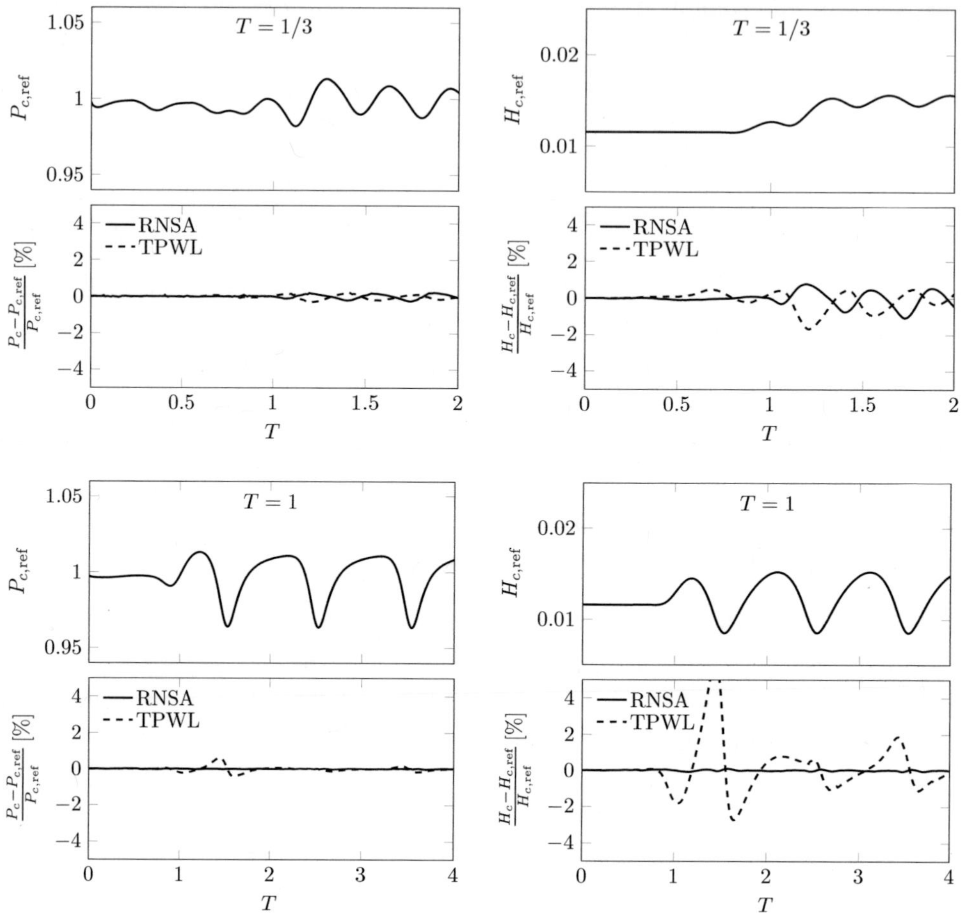

Figure 4.15.: Central pressure and central film thickness over time of two training trajectories and the differences of the reduced solutions provided by the reduced Newton method with system approximation and by the TPWL model for set 2 with excitation periods $T = 1$ (below) and $T = 1/3$ (above).

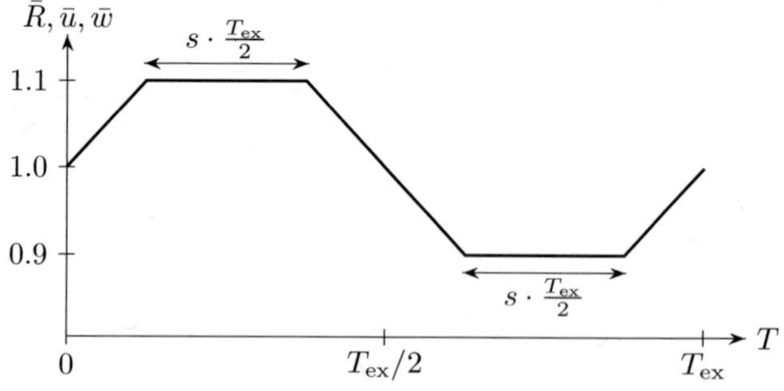

Figure 4.16.: Input signal of test trajectories

500 N/mm and $w_{\text{ref}} = 700$ N/mm, which are lying in between the parameters given in table 4.8. Thus, a linear interpolation between the TPWL submodels $\left\{\tilde{\boldsymbol{g}}_j, \tilde{\boldsymbol{f}}_j\right\}$ for $w_{\text{ref}} = 400$ N/mm and $w_{\text{ref}} = 600$ N/mm or $w_{\text{ref}} = 600$ N/mm and $w_{\text{ref}} = 800$ N/mm has to be done, respectively. The figures 4.17 and 4.18 show the dimensionless results of central pressure and central film thickness over dimensionless time of the full reference system as well as the relative difference of the particular reduced system for the parameters $w_{\text{ref}} = 500$ N/mm and $w_{\text{ref}} = 700$ N/mm, respectively. Hereby, three different slopes $s \in \{0, 0.5, 0.9\}$ are considered. Again, the results of the RNSA method show a high accuracy with a maximum deviation of around 1 % with respect to the full system throughout all the test calculations. Whereas, the solution of the TPWL model is of less high quality exhibiting an offset. Here, the error in film thickness levels off at approximately 5 %. Whilst the RNSA method is rather robust with respect to the given input signals, the TPWL model shows a stronger deviation for the challenging trajectory with $s = 0.9$. Hereby, both the RNSA method and the TPWL model show some minor scattering of pressure in the center of the contact.

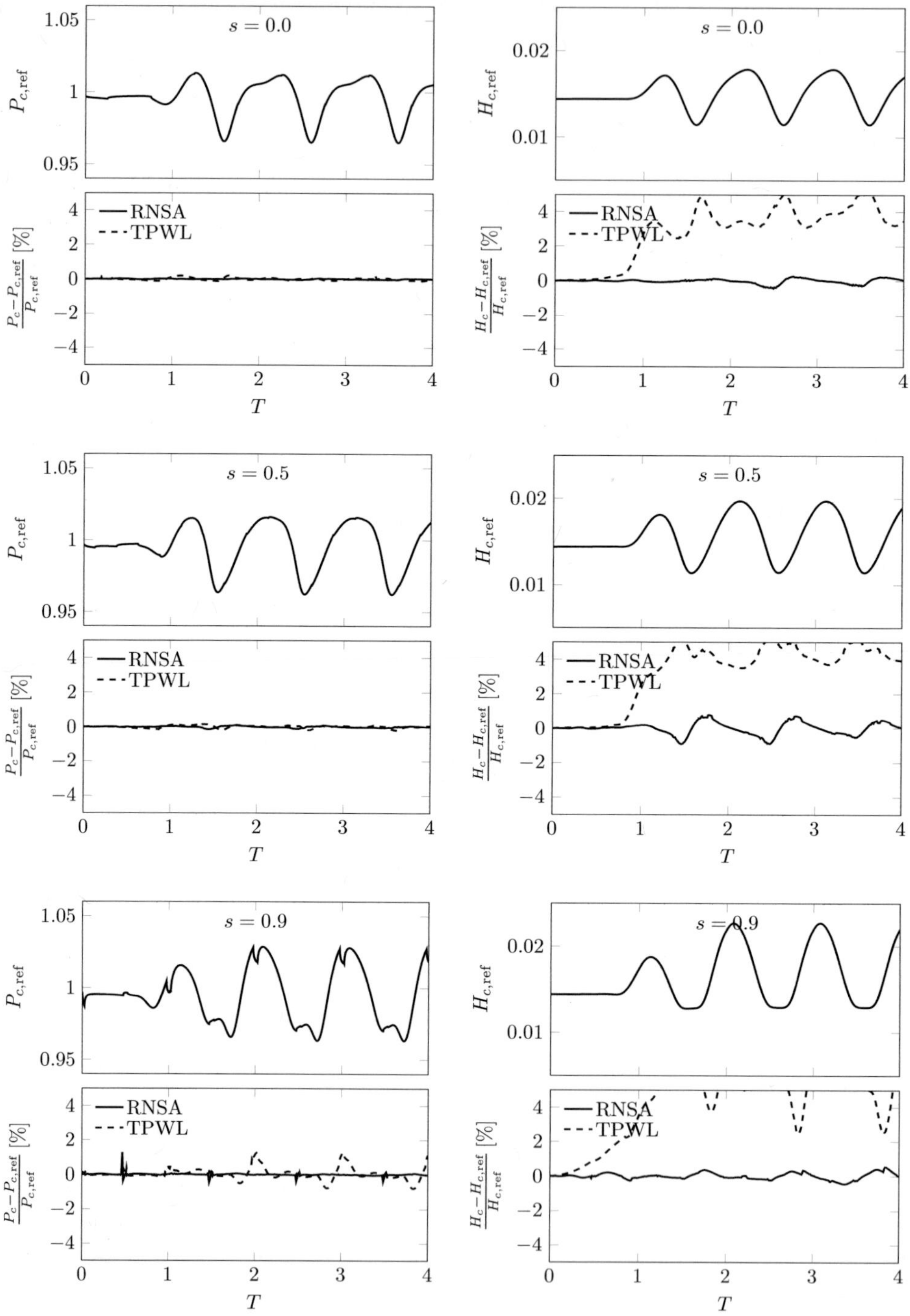

Figure 4.17.: Reference central pressure (left) and central film thickness (right) over time and deviation of the reduced models for $w_{\text{ref}} = 500\,\text{N/mm}$.

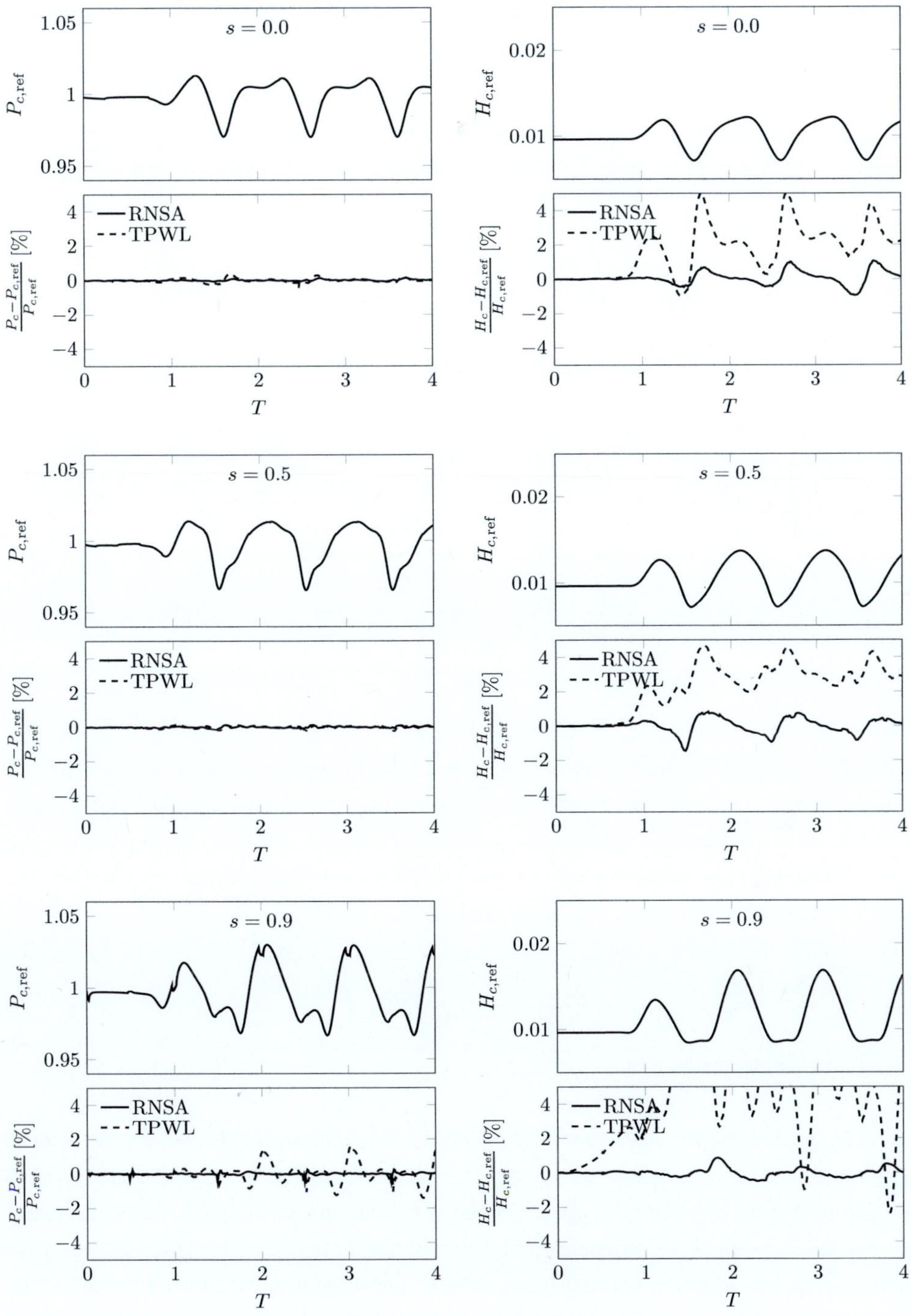

Figure 4.18.: Reference central pressure (left) and central film thickness (right) over time and deviation of the reduced models for $w_{\text{ref}} = 700\,\text{N/mm}$.

Finally, table 4.9 lists the number of time steps of each test trajectory and the corresponding computational times of the full reference solution, the RNSA method and the TPWL model. Hereby, the need of system interpolation between

Table 4.9.: Number of time steps and computational time of the full system, the RNSA method and the TPWL model

	number of time steps			comp. time [s]		
	Full	RNSA	TPWL	Full	RNSA	TPWL
$w_{\text{ref}} = 600\,\text{N/mm}$						
$T = 1$	979	1197	1488	811	38	11
$T = 1/3$	1955	1465	2180	2096	69	24
$w_{\text{ref}} = 500\,\text{N/mm}$						
$s = 0.0$	2042	1871	2346	1965	78	35
$s = 0.5$	2492	2318	2600	5190	157	45
$s = 0.9$	2941	2983	4429	2899	118	98
$w_{\text{ref}} = 700\,\text{N/mm}$						
$s = 0.0$	2097	1899	2470	2039	83	37
$s = 0.5$	2629	2409	2752	5414	164	49
$s = 0.9$	3032	2941	5280	2934	117	126

the TPWL submodels $\left\{\tilde{\boldsymbol{g}}_j, \tilde{\boldsymbol{f}}_j\right\}$ for the last six cases entails a larger computational time for the TPWL model. However, there is still a speed-up potential of two or more compared to the reduced Newton method. As an exception, the TPWL model for the very challenging case for $s = 0.9$ shows a worse performance than RNSA. Hereby, the large number of time steps are causing a larger computational time. Note that the relatively high computational time of the Newton-Raphson based solution schemes for $s = 0.5$ results from a higher number of necessary Newton iterations.

4.4. Conclusion

This chapter has addressed the transient EHD line contact problem. The first part deals with the introduction of a varying computational area in order to increase the similarity in the solution space. Therefore, the computational area is adapted to the current size of the corresponding dry Hertzian contact. In order to integrate the adaptation of the computational area in the model, two different procedures are presented: a description in an ALE framework and a formulation in standard Eulerian coordinates with remeshing. The ALE description implies an artificial convective flow due to the grid motion. In order to ensure the stable upwind scheme a spatially adjusted discretization is required in every Newton iteration. In contrast, the remeshing procedure necessitates the interpolation of previous solution to the current grid. However, this interpolation involves numerical damping leading to a diminishment of the dynamics. Especially for the point contact problem where the interpolation of previous solutions to the current grid is basically restricted to a linear interpolation, the numerical damping plays an important role. In conclusion, the ALE description is a more elegant way incorporating a variable computational area. The adaptation of the computational area enables an efficient reduced computation for systems with large amplitudes of excitation.

The second part of this chapter has dealt with the application and adaption of the TPWL approach to the transient EHD line contact problem. The TPWL approach shows a very good performance for compact formulated systems, e.g. small input variety and no parameters. However, its efficiency diminishes successively with the complexity of the underlying system, since more and more operating points have to be stored resulting in a gradually increasing complexity of the weighting procedure. Nevertheless, both presented methods, the TPWL approach and the reduced Newton method with system approximation (RNSA) show a very low computational time at a high accuracy. While the accuracy of the RNSA method beats the one of the TPWL model, the TPWL approach shows a better efficiency for almost all given use cases. Furthermore, since all the information of the system is stored within the reduced system functions and their Jacobians, the required effort of evaluating those matrices is irrelevant for the online phase. This fact is particularly interesting for point contact problems and systems with Non-Newtonian fluids as mentioned in the conclusion part of the last chapter.

Due to its low calculation time, the MOR model of the transient EHD contact problem might be embedded as a subroutine within a classical multibody simulation software reproducing the complete nonlinear dynamical behavior of an EHD contact such as nonlinear stiffness and fluid damping. Likewise to the stationary EHD contact problem, the MOR model is not restricted to a specified modeling. However, in contrast to the stationary EHD contact problem, the choice of training trajectories still has to be done by the user itself.

5. Summary and Discussion

The objective of this work is to get a fast and precise solver for the EHD contact problem by applying model order reduction techniques. As a starting point, the EHD point and line contact problem are formulated as one equation system. Therefore, the Reynolds equation is discretized using finite differences. The elasticity equation on the basis of the halfspace theory and the load balance equations are discretized by numerical integration using the midpoint rule. The film rupture problem is solved using the Penalty method.

The EHD contact problem is a nonlinear system with nonlinear parameter dependency. For the first time, the complete nonlinear EHD contact problem is reduced using model order reduction techniques. Due to the nonlinearity, all linear model order reduction techniques such as the Krylov-based approaches drop out. Within this work, the POD method is used as reduction procedure. It relies on the extraction of the most important information given by a precomputed set of solutions of the full nonlinear system. Furthermore, a system approximation is applied to the reduced sytem by replacing the reduced system function and its Jacobian by less complex surrogates. Thus, the resulting reduced system with system approximation (RNSA) contains no large-scaled operations anymore.

Within this work, the stationary as well as the transient EHD contact problem is investigated. A system is referred to as quasi-stationary, if the transient behavior of the components are much faster than the change of the system itself. Thus, the problem can be formulated as a chronological sequence of stationary problems. Here, the aim of this work is to develop a method for a fully automated generation of compact models for a specified parameter space. The idea is to use an adaptive snapshot selection algorithm which is based on a random sampling and refinement of the parameter space. Since the evaluation is executed on the reduced framework, a fast error measure is required. Furthermore, a new method to determine a distance measure is presented. It relates the distances between two solutions in parameter and state space. On the one hand, the distance measure allows an a-priori goal-oriented snapshot selection, in order to get a reduced system in advance. On the other hand, it acts as an estimator for the selection of the best starting solution. The algorithm generates a reduced system, which provides a reliable, highly accurate and very fast approximation of the full system within the specified parameter space. The speed-up factor is about 50 for a line contact problem and about 6000 for a point contact problem with an overall loss in accuracy of less than 1 %.

Furthermore, the stationary EHD point contact problem is extended to consider Non-Newtonian effects by using the generalized Reynolds equation. Here, the implicitly given Non-Newtonian EHD contact problem is solved for the first time as a fully coupled system of equations using the Newton-Raphson scheme. Thereby, the gain in convergence rate predominates the higher costs in film thickness integration. Thus, a faster solution can be achieved. Furthermore, in comparison to the full system, the reduced system is about 900 times faster even though a slower processor is used.

For the transient EHD contact problem a new formulation is introduced which relates the computational area to the current contact size. Here, two descriptions are developed. The first is a formulation in an ALE coordinate system, treating the non-constant parameter as explicit time functions. As a side effect the convective term includes an artificial flow due to the grid movement requiring a spatially adjusted discretization in order to maintain the upwind stabilization. The second description uses Eulerian coordinates on a grid which is adjusted for every time step referred to as remeshing. Here, required solutions of former time steps have to be projected onto the new grid. The adjustment of the computational area shows clear improvements in performance for systems with excitations of large amplitude.

Additionally, an alternative approach, TPWL, is applied and adapted for the EHD contact problem for the first time. Here, a new selection procedure for the operating points is presented, leading to a moderate reduction of the necessary number of operating points at a lower offline computational effort. In comparison to the RNSA method, the TPWL model provides a faster solution whose quality is decent but not as good as the Newton based one. In this connection, the performance of the TPWL model is strongly dependent on the complexity of weigthing. It is determined by the extent of input variance and parameter ranges or more general, on the total number of operating points.

Since the time reduction for the simulation is very effective and due to their ability to take into account the parameterization of their boundary conditions (load, velocity, radius of curvature,. . .), the proposed reduced models could be embedded into more global models of entire mechanics as subroutine focusing on critical contact points. Thus, the full nonlinear dynamical behavior of an EHD contact could be introduced into more general system simulations. Another application lies in their use within optimization loops to tune mechanical components with respect to their operating conditions (geometry, material, eventually lubricant properties,. . .) keeping the total complexity of the underlying physical problem.

6. Outlook

Within this work, smooth isothermal Newtonian EHD line and point contacts are considered. However, the observance of more complex physics within the simulation is gaining more and more attention. The introduction of Non-Newtonian effects into the MOR model has been a first step towards a realistic friction modeling of contacts including sliding. A further step could be the consideration of temperature effects by introducing the energy balance into the equation system. Therewith, the friction prediction would become more accurate for a wider range of operating conditions such as higher surface velocities.

Another contemporary tribological research field is the examination of the influence of rough surfaces within an EHD contact. In general, surface roughness features can be introduced into a parameterized reduced model whilst the surface topography can be described by a small number of parameters. Here, the arising question is: how good global basis functions can aproximate the resulting scattered solution space of pressure and deformation. A promising alternative to introduce surface roughness effects are the use of flow factors, where the solution remains its smooth form.

Not only surface and temperature effects acting especially within the contact area are of interest, but also effects outside of the contact as e.g. the availability of fluid at the inlet zone. In general the Reynolds equation assumes a fully flooded gap which is not fullfilled for an EHD contact with starved lubrication. In order to handle a starved lubricated problem, the Jakobsson-Floberg-Olsson (JFO) cavitation model can be used leading to the form of a complementarity problem similar to the one introduced within this work.

Having a more numerically based point of view, it might be noted that a finite difference discretization scheme is applied within this work using a spatially equidistant grid. Nevertheless, the reduction procedure is not restricted to a special discretization scheme. Alternatively, a discretization with finite elements should be applicable, too. Therewith, an adapted discretization can be arranged including local refinements within the contact zone and a coarsening outside of the contact. Thus, the computational area can be chosen larger having a fine grid at the critical areas at the same time. Furthermore, the formulation of the elasticity with finite elements enables the consideration of solid bodies which cannot be formulated as a halfspace.

Finally, the weightings of the TPWL model have a strong influence on the accuracy of the TPWL solution. However, within this work no problem specific weighting procedure is used but only the standard one. The performance of the TPWL model might be improvable by applying an EHD problem adjusted weighting by e.g. considering not only the state but also the inputs for the determination of the weighting functions.

Appendix

A. Least-Squares Problem and Pseudoinverse

A linear equation system of n linear equation and $m \leq n$ unknowns can be written in matrix notation as

$$\boldsymbol{A}\boldsymbol{z} = \boldsymbol{b} \text{ with } \boldsymbol{A} \in \mathbb{R}^{n \times m}, \ \boldsymbol{z} \in \mathbb{R}^{m}, \text{ and } \boldsymbol{b} \in \mathbb{R}^{n}. \tag{A.1}$$

Here, $\boldsymbol{z}$ is a column vector containing the m unknowns as entries, $\boldsymbol{A}$ is the corresponding matrix of coefficients and $\boldsymbol{b}$ a column vector containing the right sides of the n equations. For the special case of $n = m$ the equation system has a unique solution, if the determinant of coefficient matrix is not zero:

$$\det(\boldsymbol{A}) \neq 0. \tag{A.2}$$

Then, the solution of the equation system can be given as

$$\boldsymbol{z} = \boldsymbol{A}^{-1}\boldsymbol{b} \tag{A.3}$$

with the inverse $\boldsymbol{A}^{-1}$ of the coefficient matrix. However, in many cases the number of equation exceeds the number of unknowns. Thus, no unique solution of the overdetermined equation system can be found. A common solution scheme for an overdetermined system of equations is the method of least squares, where the solution is chosen such that in total the squared errors of all equations are minimized. The least squares problem can be written as:

$$\boldsymbol{z} = \underset{\boldsymbol{\zeta} \in \mathbb{R}^m}{\operatorname{argmin}} \|\boldsymbol{A}\boldsymbol{\zeta} - \boldsymbol{b}\|_2^2 \text{ with } \|\cdot\|_2 = \sqrt{(\cdot)^T(\cdot)}. \tag{A.4}$$

This minimzation problem can be solved using the condition that the gradient has to vanish at the extremum $\boldsymbol{z}$:

$$\left(\frac{\partial}{\partial \boldsymbol{\zeta}} \|\boldsymbol{A}\boldsymbol{\zeta} - \boldsymbol{b}\|_2^2 \right) \Bigg|_{\boldsymbol{\zeta} = \boldsymbol{z}} = 0. \tag{A.5}$$

Using the identity $(\boldsymbol{AB})^T = \boldsymbol{B}^T\boldsymbol{A}^T$ and the commutativity of the inner product, the gradient can be transformed as follows:

$$\frac{\partial}{\partial \zeta} \|\boldsymbol{A}\zeta - \boldsymbol{b}\|_2^2 = \frac{\partial}{\partial \zeta}\left(\zeta^T\boldsymbol{A}^T\boldsymbol{A}\zeta - 2\boldsymbol{b}^T\boldsymbol{A}\zeta + \boldsymbol{b}^T\boldsymbol{b}\right) = 2\boldsymbol{A}^T\boldsymbol{A}\zeta - 2\boldsymbol{A}^T\boldsymbol{b}. \quad \text{(A.6)}$$

For the unique identification of a minimum the corresponding Hessian has to be positive definite. The Hessian can be given as

$$\frac{\partial}{\partial \zeta}\frac{\partial}{\partial \zeta} \|\boldsymbol{A}\zeta - \boldsymbol{b}\|_2^2 = 2\boldsymbol{A}^T\boldsymbol{A}. \quad \text{(A.7)}$$

Indeed, the Hessian matrix $\boldsymbol{A}^T\boldsymbol{A}$ is positive definite, if the matrix $\boldsymbol{A}$ is of rank m, which is equivalent to the fact that the column vectors of $\boldsymbol{A}$ have to be linearly independent. In this case, the matrix $\boldsymbol{A}^T\boldsymbol{A}$ is invertible. Then, the solution of the least squares problem can be given as

$$\boldsymbol{z} = \left(\boldsymbol{A}^T\boldsymbol{A}\right)^{-1}\boldsymbol{A}^T\boldsymbol{b}. \quad \text{(A.8)}$$

The matrix $\boldsymbol{A}^+ = \left(\boldsymbol{A}^T\boldsymbol{A}\right)^{-1}\boldsymbol{A}^T$ ist known as Moore-Penrose pseudoinverse. Therewith, equation (A.8) can be written shortly as

$$\boldsymbol{z} = \boldsymbol{A}^+\boldsymbol{b}. \quad \text{(A.9)}$$

The two formulations (A.4) and (A.9) are equivalent.

B. Difference quotients for non-equidistant step sizes

In this section, the second order backward difference quotients for first and second derivative for non-equidistant step sizes will be derived. The starting point are the Taylor series expansions for a discrete function $\boldsymbol{u}$ around the i-th component and step sizes $h_i = r_i h_{i-1}$ and h_{i-1}:

$$u_{i-1} = u_i - r_i h_{i-1} \left.\frac{\partial u}{\partial x}\right|_i + \frac{r_i^2}{2} h_{i-1}^2 \left.\frac{\partial^2 u}{\partial x^2}\right|_i + \mathcal{O}(h^3) \tag{B.1}$$

$$u_{i-2} = u_i - (1 + r_i) h_{i-1} \left.\frac{\partial u}{\partial x}\right|_i + \frac{(1 + r_i)^2}{2} h_{i-1}^2 \left.\frac{\partial^2 u}{\partial x^2}\right|_i + \mathcal{O}(h^3) \tag{B.2}$$

The second derivative follows from solving $(1 + r_i)$(B.1) $- r_i$(B.2) for $\left.\frac{\partial^2 u}{\partial x^2}\right|_i$:

$$\begin{aligned}\left.\frac{\partial^2 u}{\partial x^2}\right|_i &= \frac{2}{r_i(1 + r_i)h_{i-1}^2}\left[r_i u_{i-2} - (1 + r_i)u_{i-1} + u_i\right] + \mathcal{O}(h) \\ &= \frac{2r_i}{(1 + r_i)h_i^2}\left[r_i u_{i-2} - (1 + r_i)u_{i-1} + u_i\right] + \mathcal{O}(h) \end{aligned} \tag{B.3}$$

Here, the accuracy of the second order backward difference quotient is only of first order, since the third order terms in (B.1) and (B.2) do not cancel each other out.

Evaluation of $(1+r_i)^2$(B.1) $- r_i^2$(B.2) and solving for $\left.\frac{\partial u}{\partial x}\right|_i$ leads to the difference quotient for first derivative:

$$\begin{aligned}\left.\frac{\partial u}{\partial x}\right|_i &= \frac{1}{h_{i-1}}\left[\frac{r_i}{1 + r_i}u_{i-2} - \frac{1 + r_i}{r_i}u_{i-1} + \frac{1 + 2r_i}{r_i(1 + r_i)}u_i\right] + \mathcal{O}(h^2) \\ &= \frac{1}{h_i}\left[\frac{r_i^2}{1 + r_i}u_{i-2} - (1 + r_i)u_{i-1} + \frac{1 + 2r_i}{1 + r_i}u_i\right] + \mathcal{O}(h^2) \end{aligned} \tag{B.4}$$

In both cases, the order of accuracy decreases due to division of size h^2 and h to $\mathcal{O}(h)$ and $\mathcal{O}(h^2)$, respectively.

C. Reynolds equation in ALE description

In general, the Reynolds equation is given within a Eulerian description where a spatially fixed mesh is used. Here, the Reynolds equation will be derived for an Arbitrary-Lagrangian-Eulerian (ALE) description, where the mesh might change with time with respect to a given smooth evolution.

The general vectorial form of the Reynolds equation in a Eulerian framework is

$$\frac{\partial}{\partial \boldsymbol{x}} \cdot \left(\frac{\rho h^3}{12\eta} \frac{\partial p}{\partial \boldsymbol{x}} \right) - \boldsymbol{u}_m \cdot \frac{\partial \rho h}{\partial \boldsymbol{x}} - \frac{\partial \rho h}{\partial t} = 0, \tag{C.1}$$

where $\boldsymbol{x} = [x, y]^T$ is a spatially fixed coordinate vector and $\boldsymbol{u}_m = [u_m, v_m]^T$ contains the mean surface velocities in x- and y-direction. Obviously, the field quantities p, h, ρ and η are functions of $\boldsymbol{x}$ and the time t. In the ALE description, the Reynolds equation is expressed by the spatially variable coordinates $\boldsymbol{\xi} = [\xi, \zeta]^T$ and time t. The mapping, between the Eulerian and the ALE description can be stated in both directions

$$\boldsymbol{\xi} = \boldsymbol{\xi}(\boldsymbol{x}, t) \text{ and } \boldsymbol{x} = \boldsymbol{x}(\boldsymbol{\xi}, t), \tag{C.2}$$

where it is $\boldsymbol{\xi}(\boldsymbol{x}(\boldsymbol{\xi}, t), t) = \boldsymbol{\xi}$. Looking at one spatial point $\boldsymbol{x}$ at time t, the so-called grid velocity can be introduced by

$$\boldsymbol{u}^g = \left. \frac{\partial \boldsymbol{x}(\boldsymbol{\xi}, t)}{\partial t} \right|_{\boldsymbol{\xi}}. \tag{C.3}$$

The grid velocity gives the motion of the mesh due to the given ALE description. Thus, the time derivative of a field size f can be converted from the Eulerian description into the ALE description by following transformation:

$$\frac{\partial f(\boldsymbol{\xi}, t)}{\partial t} = \frac{\partial f(\boldsymbol{x}, t)}{\partial t} + \frac{\partial f(\boldsymbol{x}, t)}{\partial \boldsymbol{x}} \cdot \boldsymbol{u}^g. \tag{C.4}$$

Introducing the coordinate transformation (C.4) and the chain rule

$$\frac{\partial}{\partial \boldsymbol{x}} = \frac{\partial \boldsymbol{\xi}}{\partial \boldsymbol{x}} \frac{\partial}{\partial \boldsymbol{\xi}} \tag{C.5}$$

into the Reynolds equation (C.1), the Reynolds equation in ALE-form follows as

$$\left(\frac{\partial \boldsymbol{\xi}}{\partial \boldsymbol{x}} \frac{\partial}{\partial \boldsymbol{\xi}} \right) \cdot \left(\frac{\rho h^3}{12\eta} \frac{\partial \boldsymbol{\xi}}{\partial \boldsymbol{x}} \frac{\partial p}{\partial \boldsymbol{\xi}} \right) - (\boldsymbol{u}_m - \boldsymbol{u}^g) \cdot \left(\frac{\partial \boldsymbol{\xi}}{\partial \boldsymbol{x}} \frac{\partial \rho h}{\partial \boldsymbol{\xi}} \right) - \frac{\partial \rho h}{\partial t} = 0, \tag{C.6}$$

where the field variables p, h, ρ and η are now functions of $\boldsymbol{\xi}$ and t. In addition to the flow of the fluid particles following from $\boldsymbol{u}_m$, an artificial convective flow due to the moving mesh is introduced through the ALE description.

D. Reduction of the Complementarity Problem

If the EHD contact problem with the cavitation condition $\boldsymbol{p} \geq 0$ is formulated as a complementarity problem, the summand $\boldsymbol{\lambda}_j$ is no longer a function of the state, but an additional unknown referred to as Lagrangian multiplier. In consequence, $\boldsymbol{\lambda}_j$ has to be extracted from system (2.47) resulting into another system of equations of the form:

$$\begin{aligned} \boldsymbol{f}_j(\boldsymbol{z}_j, \boldsymbol{z}_{j-1}, \boldsymbol{z}_{j-2}, \boldsymbol{\mu}, \boldsymbol{u}_j) \quad &+ \quad \boldsymbol{\Lambda}_j \quad = \\ \begin{bmatrix} \boldsymbol{f}_{\boldsymbol{p},j}(\boldsymbol{z}_j, \boldsymbol{z}_{j-1}, \boldsymbol{z}_{j-2}, \boldsymbol{\mu}, \boldsymbol{u}_j) \\ \boldsymbol{f}_{\boldsymbol{\delta},j}(\boldsymbol{z}_j) \\ f_{h_0,j}(\boldsymbol{z}_j, \boldsymbol{u}_j) \end{bmatrix} &+ \begin{bmatrix} \boldsymbol{\lambda}_j \\ \boldsymbol{0} \\ 0 \end{bmatrix} = \boldsymbol{0}, \end{aligned} \tag{D.1}$$

where it is $\boldsymbol{f}_{\boldsymbol{\delta},j}(\boldsymbol{z}_j) = \boldsymbol{\delta}_j - \boldsymbol{K}\boldsymbol{p}_j$ and $f_{h_0,j}(\boldsymbol{z}_j, \boldsymbol{u}_j) = c_{h_0}(\boldsymbol{u}_j) - \boldsymbol{K}_{h_0}\boldsymbol{p}_j$. In order to write the whole equation system in one line, the extended Lagrangian multiplier vector $\boldsymbol{\Lambda}_j$ is introduced. Moreover, the complementarity function in discrete dimensionless form following from (2.16) is introduced:

$$\boldsymbol{\psi}_j(\boldsymbol{p}_j, \boldsymbol{\lambda}_j) = \boldsymbol{\lambda}_j - \max(\boldsymbol{\lambda}_j - c\boldsymbol{p}_j, 0) = \boldsymbol{0}, \tag{D.2}$$

Note that due to nondimensionalization the constant c is different to that in (2.16). Here c is set to one. Therewith, the full EHD contact problem formulated as a complementarity problem at time step j can be written as one equation system in the form:

$$\begin{bmatrix} \boldsymbol{f}_j(\boldsymbol{z}_j, \boldsymbol{z}_{j-1}, \boldsymbol{z}_{j-2}, \boldsymbol{\mu}, \boldsymbol{u}_j) + \boldsymbol{\Lambda}_j \\ \boldsymbol{\psi}(\boldsymbol{p}_j, \boldsymbol{\lambda}_j) \end{bmatrix} = \boldsymbol{0}. \tag{D.3}$$

The solution of system (D.3) is approximated iteratively by a damped Newton method with an active set procedure [42, 54]. Therefore the indices of the first $2n + 1$ equations of (D.3) are separated into two sets $\mathcal{A}$ and $\mathcal{P}$. The two sets indicate whether the cavitation condition is fullfilled or not. In the latter case, the corresponding index is part of $\mathcal{A}$, otherwise of $\mathcal{P}$. Since the cavitation condition is only relevant for the Reynolds equation, thus for the first n equations, the definitions of the two sets are

$$\mathcal{A} := \{i \in \{1,\dots,n\} : \lambda_{ij}^{(k)} - cp_{ij}^{(k)} > 0\}, \text{ and} \tag{D.4}$$

$$\mathcal{P} := \{1,\dots,2n+1\} \setminus \mathcal{A}. \tag{D.5}$$

Here, the superscript (k) specifies the iteration of the Newton method. Consequently, the sets $\mathcal{A}$ and $\mathcal{P}$ may change in every iteration. Figure D.1 illustrates the separation of the computational area for a line contact problem into the sets $\mathcal{A}$ and $\mathcal{P}$ for a typical pressure solution. For further usage, also the set

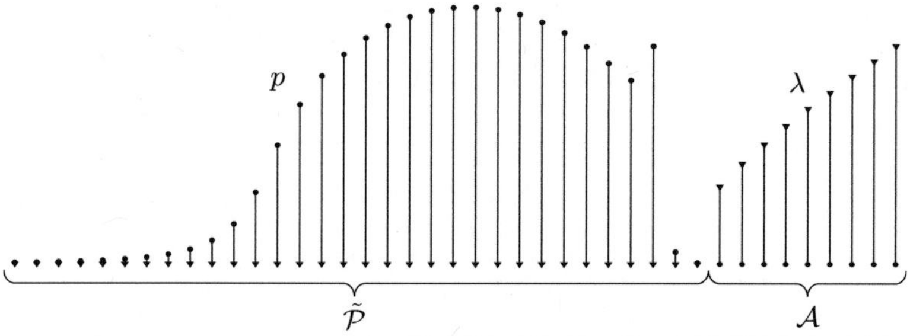

Figure D.1.: Pressure (dot) and Lagrangian multiplier distribution (triangle) for a typical contact situation

$$\tilde{\mathcal{P}} := \{1,\dots,n\} \setminus \mathcal{A} \tag{D.6}$$

is introduced here. With the definitions (D.4) and (D.5), the first n unknowns are given by the complementarity function (D.2). These are ${}_{\mathcal{A}}\boldsymbol{z}_j^{(k)} = 0$ and ${}_{\mathcal{P}}\boldsymbol{\lambda}_j^{(k)} = 0$. The remaining unknowns ${}_{\mathcal{P}}\boldsymbol{z}_j^{(k)}$ and ${}_{\mathcal{A}}\boldsymbol{\lambda}_j^{(k)}$ are received by solving the following system:

$$\begin{bmatrix} {}_{\mathcal{P}}^{\mathcal{P}}\boldsymbol{J}_{\boldsymbol{f},j}^{(k-1)} & \boldsymbol{0} \\ {}_{\mathcal{A}}^{\mathcal{P}}\boldsymbol{J}_{\boldsymbol{f},j}^{(k-1)} & \boldsymbol{E} \end{bmatrix} \begin{bmatrix} {}_{\mathcal{P}}\Delta\boldsymbol{z}_j^{(k)} \\ {}_{\mathcal{A}}\boldsymbol{\lambda}_j^{(k)} \end{bmatrix} = - \begin{bmatrix} {}_{\mathcal{P}}\boldsymbol{f}_j^{(k-1)} \\ {}_{\mathcal{A}}\boldsymbol{f}_j^{(k-1)} \end{bmatrix},$$
$${}_{\mathcal{P}}\boldsymbol{z}_j^{(k)} = {}_{\mathcal{P}}\boldsymbol{z}_j^{(k-1)} + \omega\, {}_{\mathcal{P}}\Delta\boldsymbol{z}_j^{(k)} \tag{D.7}$$

with the relaxation constant $0 < \omega \leq 1$, the zero matrix $\boldsymbol{0}$, the identity matrix $\boldsymbol{E}$ and the abbreviated notation of the system function and its Jacobian

$$\boldsymbol{f}_j^{(k-1)} := \boldsymbol{f}_j(\boldsymbol{z}_j^{(k-1)}, \boldsymbol{z}_{j-1}, \boldsymbol{z}_{j-2}, \boldsymbol{\mu}, \boldsymbol{u}_j),$$
$$\boldsymbol{J}_{\boldsymbol{f},j}^{(k-1)} := \boldsymbol{J}_{\boldsymbol{f},j}(\boldsymbol{z}_j^{(k-1)}, \boldsymbol{\mu}, \boldsymbol{u}_j).$$

The loop is terminated, when the algorithm has converged. As abort criterion any norm of the residuum ${}_{\mathcal{P}}\boldsymbol{f}_j^{(k-1)}$ or the search direction ${}_{\mathcal{P}}\Delta\boldsymbol{z}_j^{(k)}$ can be used.

Subspace Projection

Similar to the penalty method based formulation, the projection takes place in two steps: introducing the approximation of the state vector $\boldsymbol{z} \approx \boldsymbol{V}\tilde{\boldsymbol{z}}$ into system (D.7) and pre-multiplication of the transpose of the test matrix $\boldsymbol{W}$ as described in subsection 2.3.2. Therewith, the reduced solution scheme has the form:

$$\begin{aligned} {}_{\mathcal{P}}\boldsymbol{W}^T\, {}^{\mathcal{P}}_{\mathcal{P}}\boldsymbol{J}_{\boldsymbol{f},j}^{(k-1)}\, {}_{\mathcal{P}}\boldsymbol{V}\Delta\tilde{\boldsymbol{z}}_j^{(k)} &= -\,{}_{\mathcal{P}}\boldsymbol{W}^T\, {}_{\mathcal{P}}\boldsymbol{f}_j^{(k-1)}, \\ \tilde{\boldsymbol{z}}_j^{(k)} &= \tilde{\boldsymbol{z}}_j^{(k-1)} + \omega\Delta\tilde{\boldsymbol{z}}_j^{(k)}, \\ {}_{\mathcal{A}}\boldsymbol{\lambda}_j^{(k)} &= -\,{}_{\mathcal{A}}\boldsymbol{f}_j^{(k-1)} - {}^{\mathcal{P}}_{\mathcal{A}}\boldsymbol{J}_{\boldsymbol{f},j}^{(k-1)}\, {}_{\mathcal{P}}\boldsymbol{V}\Delta\tilde{\boldsymbol{z}}_j^{(k)}. \end{aligned} \tag{D.8}$$

In contrast to the penalty based method, it turns out that the system, formulated as a complementarity problem, has a much better performance with a preconditioned least-squares approach of the from

$$\boldsymbol{W} = \boldsymbol{D}^2\boldsymbol{J}_{\boldsymbol{f},j}^{(k-1)}\boldsymbol{V}, \tag{D.9}$$

instead of the classical Galerkin approach. Here, the pre-multiplication of $\boldsymbol{D}^2$ with diagonal matrix $\boldsymbol{D} \in \mathbb{R}^{\{2n+1\}\times\{2n+1\}}$ counteracts the bad conditioning of the product $\boldsymbol{J}_{\boldsymbol{f}}\boldsymbol{V}$, especially of the part $\boldsymbol{J}_{\boldsymbol{f}_p}\boldsymbol{V}$ representing the Reynolds equation. There are infinite possibilities on how to choose $\boldsymbol{D}$. The following approach for diagonal matrix $\boldsymbol{D}$ has led to good and numerically stable results:

$$\boldsymbol{D} := \operatorname{diag}\left(\left[{}^{\{1\}}\boldsymbol{V_p}^T, 1, \ldots, 1, 1\right]\right). \tag{D.10}$$

Introducing approach (D.9) into (D.8) and solving for $\Delta\tilde{\boldsymbol{z}}_j^{(k)}$ yields the solution scheme:

$$\begin{aligned} \Delta\tilde{\boldsymbol{z}}_j^{(k)} &= -\tilde{\boldsymbol{J}}^+\tilde{\boldsymbol{f}}, \\ \tilde{\boldsymbol{z}}_j^{(k)} &= \tilde{\boldsymbol{z}}_j^{(k-1)} + \omega\Delta\tilde{\boldsymbol{z}}_j^{(k)}, \\ {}_{\mathcal{A}}\boldsymbol{\lambda}_j^{(k)} &= -\,{}_{\mathcal{A}}\boldsymbol{f}_j^{(k-1)} - {}^{\mathcal{P}}_{\mathcal{A}}\boldsymbol{J}_{\boldsymbol{f},j}^{(k-1)}\, {}_{\mathcal{P}}\boldsymbol{V}\Delta\tilde{\boldsymbol{z}}_j^{(k)} \end{aligned} \tag{D.11}$$

where the least-squares problem $\tilde{\boldsymbol{J}}^{+}\tilde{\boldsymbol{f}}$ is defined by the pseudoinverse $\tilde{\boldsymbol{J}}^{+} = (\tilde{\boldsymbol{J}}^{T}\tilde{\boldsymbol{J}})^{-1}\tilde{\boldsymbol{J}}^{T}$ and the matrices

$$\tilde{\boldsymbol{f}} = {}^{\mathcal{P}}_{\mathcal{P}}\boldsymbol{D}\,{}_{\mathcal{P}}\boldsymbol{f}_j^{(k-1)}, \text{ and} \tag{D.12}$$

$$\tilde{\boldsymbol{J}} = {}^{\mathcal{P}}_{\mathcal{P}}\boldsymbol{D}\,{}^{\mathcal{P}}_{\mathcal{P}}\boldsymbol{J}_{\boldsymbol{f},j}^{(k-1)}\,{}_{\mathcal{P}}\boldsymbol{V}. \tag{D.13}$$

However, the computation of the remaining part of the Lagrangian multiplier vector is still of large scale. Its reduction can take place in two ways. The obvious way to construct an additional projection for $\boldsymbol{\lambda}_j$ is not chosen here, since some reasonable assumptions can be made:

1. Film rupture only occurs at the outlet region.
2. There is no pressure generation downstream to film rupture.
3. There exists a sufficient estimation of position of film rupture (stationary).
4. Change of film rupture is sufficiently small within every time step (transient).

Thus, for each grid line in x-direction (one for the line contact) there exists exactly one transition from pressurized zone $\mathcal{P}$ to the cavitated zone $\mathcal{A}$. The idea is to separate the computational area into $\mathcal{P}$ and $\mathcal{A}$ by evaluating the complementarity problem locally around the boundary and adapting the boundary iteratively. This film rupture boundary can be defined by

$$\mathcal{B} := \{i \in \mathcal{A} : \; i-1 \in \mathcal{P}\}. \tag{D.14}$$

Hereby, the number of entries of $\mathcal{B}$ is equal to the number of nodes in y-direction. Further reduction might be possible by using a coarser grid for $\mathcal{B}$ in y-direction and getting the boundary on the computational grid by interpolation. The adaption of $\mathcal{B}$ – and therewith of $\mathcal{A}$ and $\mathcal{P}$ – has to be done in every iteration. So, the interesting unknowns of the Lagrangian multiplier vector reduce from ${}_{\mathcal{A}}\boldsymbol{\lambda}_j$ to ${}_{\mathcal{B}}\boldsymbol{\lambda}_j$. With the set

$$\breve{\mathcal{B}} := \left\{k \in \{1,\ldots,2n+1\} : \exists l \in \mathcal{B} \text{ with } {}^{\{k\}}_{\{l\}}\boldsymbol{J}_{\boldsymbol{f},j} \neq 0\right\}, \tag{D.15}$$

this vector can be determined fastly using the following rule:

$${}_{\mathcal{B}}\boldsymbol{\lambda}_j^{(k)} = -\,{}_{\mathcal{B}}\boldsymbol{f}_j^{(k-1)} - {}^{\breve{\mathcal{B}}}_{\mathcal{B}}\boldsymbol{J}_{\boldsymbol{f},j}^{(k-1)}\,{}_{\breve{\mathcal{B}}}\boldsymbol{V}\Delta\tilde{\boldsymbol{z}}_j^{(k)}. \tag{D.16}$$

In the following, the algorithm on how to adapt a particular index of set $\mathcal{B}$ is described. Therefore the set $\mathcal{Q}^k := \{i \in \mathcal{P} : \exists j \in \{1,\ldots,k\},\ i+j \in \mathcal{B}\}$ is introduced. Figure D.2 illustrates the partitioning of the computational area into sets $\mathcal{A}$ and $\mathcal{P}$ and subsets $\mathcal{B}$ and $\mathcal{Q}^k$. The particular index of $\mathcal{B}$ is decremented by one, if one of the corresponding entries of

$$_{\mathcal{Q}^k}\boldsymbol{V}\tilde{\boldsymbol{z}}_j < \boldsymbol{0} \tag{D.17}$$

is true, where k is a grid dependent number. Here $k = 5$ is used. Otherwise the particular index is incremented by one, if the corresponding part of

$$_{\mathcal{B}}\boldsymbol{\lambda} - c\,_{\mathcal{B}}\boldsymbol{V}\tilde{\boldsymbol{z}} > \boldsymbol{0} \tag{D.18}$$

is fulfilled. Consequently, the index remains the same, if both corresponding conditions are false. In order to avoid skipping back and forth between two or more solutions of $\mathcal{B}$, the algorithm might be aborted after a specified amount of iterations. This number should be higher than the number of nodes the cavitation boundary moves within one time step.

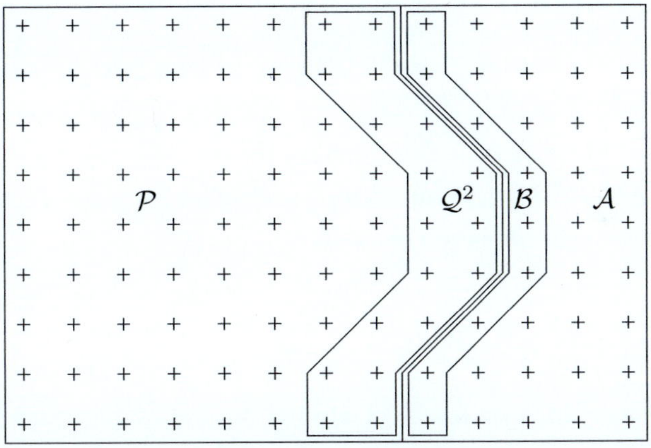

Figure D.2.: Partioning of computational area Ω with $n_x = 13$, $n_y = 9$ and $k = 2$

The matrices (D.12) and (D.13), representing the least-squares problem occuring in (D.11), can be written in detail as

$$\tilde{\boldsymbol{f}} = \begin{bmatrix} {}^{\tilde{\mathcal{P}}}_{\tilde{\mathcal{P}}}\boldsymbol{D}\,{}_{\tilde{\mathcal{P}}}\boldsymbol{f}^{(k-1)}_{\boldsymbol{p},j} \\ \boldsymbol{f}^{(k-1)}_{\boldsymbol{\delta},j} \\ f^{(k-1)}_{h_0,j} \end{bmatrix} \in \begin{bmatrix} \mathbb{R}^{|\tilde{\mathcal{P}}|} \\ \mathbb{R}^{n} \\ \mathbb{R} \end{bmatrix} \quad \text{and} \tag{D.19}$$

$$\tilde{\boldsymbol{J}} = \begin{bmatrix} {}^{\tilde{\mathcal{P}}}_{\tilde{\mathcal{P}}}\boldsymbol{D}\,{}^{\mathcal{P}}_{\tilde{\mathcal{P}}}\boldsymbol{J}^{(k-1)}_{\boldsymbol{f_p},j}\;{}_{\mathcal{P}}\boldsymbol{V} \\ {}^{\mathcal{P}}\boldsymbol{J}_{\boldsymbol{f_\delta}}\,{}_{\mathcal{P}}\boldsymbol{V} \\ {}^{\mathcal{P}}\boldsymbol{J}_{f_{h_0}}\,{}_{\mathcal{P}}\boldsymbol{V} \end{bmatrix} \in \begin{bmatrix} \mathbb{R}^{|\tilde{\mathcal{P}}|\times\tilde{n}} \\ \mathbb{R}^{n\times\tilde{n}} \\ \mathbb{R}^{1\times\tilde{n}} \end{bmatrix}. \tag{D.20}$$

Hereby, even though the number of unknowns is of small size, the number of equations of the least-squares problem is still of large scale.

Note that the Jacobians of the linear parts are technically not constant anymore, since a change of the pressurized area, defined by set $\mathcal{P}$, leads to a change of the particular Jacobian. However, they can be adapted in a relatively inexpensive way. Assuming that an index i is added to or subtracted from the set $\mathcal{P}$, a matrix ${}^{\mathcal{P}}\boldsymbol{A}\,{}_{\mathcal{P}}\boldsymbol{V}$ can be updated by following computational rules:

$$ {}^{\mathcal{P}\cup\{i\}}\boldsymbol{A}\,{}_{\mathcal{P}\cup\{i\}}\boldsymbol{V} = {}^{\mathcal{P}}\boldsymbol{A}\,{}_{\mathcal{P}}\boldsymbol{V} + {}^{\{i\}}\boldsymbol{A}\,{}_{\{i\}}\boldsymbol{V}, \tag{D.21}$$

$$ {}^{\mathcal{P}\setminus\{i\}}\boldsymbol{A}\,{}_{\mathcal{P}\setminus\{i\}}\boldsymbol{V} = {}^{\mathcal{P}}\boldsymbol{A}\,{}_{\mathcal{P}}\boldsymbol{V} - {}^{\{i\}}\boldsymbol{A}\,{}_{\{i\}}\boldsymbol{V}. \tag{D.22}$$

Thus, the products ${}^{\mathcal{P}}\boldsymbol{J}_{\boldsymbol{f_\delta}}\,{}_{\mathcal{P}}\boldsymbol{V}$ and ${}^{\mathcal{P}}\boldsymbol{J}_{f_{h_0}}\,{}_{\mathcal{P}}\boldsymbol{V}$ of expression (D.20) can be pre-computed and updated whenever necessary.

System Approximation

In this case, there are two levels of approximation, superscripted by a roman numeral. Both reductions are based on the assumption that the highly overdetermined least squares problem from (D.11) can be approximated well by a less overdetermined least squares problem. The first level includes a pre-reduction by projecting the elasticity part onto the corresponding subspace:

$$\tilde{\boldsymbol{f}}^{\mathrm{I}} = \begin{bmatrix} {}^{\tilde{\mathcal{P}}}_{\tilde{\mathcal{P}}}\boldsymbol{D}\,{}_{\tilde{\mathcal{P}}}\boldsymbol{f}^{(k-1)}_{\boldsymbol{p},j} \\ \boldsymbol{V_\delta}^T\boldsymbol{f}^{(k-1)}_{\boldsymbol{\delta},j} \\ f^{(k-1)}_{h_0,j} \end{bmatrix} \in \begin{bmatrix} \mathbb{R}^{|\tilde{\mathcal{P}}|} \\ \mathbb{R}^{\tilde{n}_\delta} \\ \mathbb{R} \end{bmatrix} \quad \text{and} \tag{D.23}$$

$$\tilde{\boldsymbol{J}}^{\mathrm{I}} = \begin{bmatrix} {}^{\tilde{\mathcal{P}}}_{\tilde{\mathcal{P}}}\boldsymbol{D}\,{}^{\mathcal{P}}_{\tilde{\mathcal{P}}}\boldsymbol{J}^{(k-1)}_{\boldsymbol{f_p},j}\;{}_{\mathcal{P}}\boldsymbol{V} \\ \boldsymbol{V_\delta}^T\,{}^{\mathcal{P}}\boldsymbol{J}_{\boldsymbol{f_\delta}}\,{}_{\mathcal{P}}\boldsymbol{V} \\ {}^{\mathcal{P}}\boldsymbol{J}_{f_{h_0}}\,{}_{\mathcal{P}}\boldsymbol{V} \end{bmatrix} \in \begin{bmatrix} \mathbb{R}^{|\tilde{\mathcal{P}}|\times\tilde{n}} \\ \mathbb{R}^{\tilde{n}_\delta\times\tilde{n}} \\ \mathbb{R}^{1\times\tilde{n}} \end{bmatrix}. \tag{D.24}$$

Similar to the previous passage, the second level is the replacement of the nonlinear part of the reduced system function and its Jacobian by a gappy aproximation as described above. Hereby, the entries of snapshots $\boldsymbol{s_R}$ of equation (2.99) and $\boldsymbol{s_J}$ of equation (2.100) have the form:

$$s_{R,i} := \begin{cases} {}^{\tilde{\mathcal{P}}}_{\{i\}}\boldsymbol{D}\,{}_{\tilde{\mathcal{P}}}\boldsymbol{f}^{(k-1)}_{\boldsymbol{p},j}, & i \in \tilde{\mathcal{P}} \\ 0, & i \in \mathcal{A} \end{cases} \tag{D.25}$$

$$s_{J,i} := \begin{cases} {}^{\tilde{\mathcal{P}}}_{\{i\}}\boldsymbol{D}\,{}^{\mathcal{P}}_{\tilde{\mathcal{P}}}\boldsymbol{J}^{(k-1)}_{\boldsymbol{f_p},j}\,{}_{\mathcal{P}}\boldsymbol{V}\tilde{\boldsymbol{z}}^{(k)}, & i \in \tilde{\mathcal{P}} \\ 0, & i \in \mathcal{A} \end{cases} \tag{D.26}$$

To cope with the complementarity problem, the sets $\tilde{\mathcal{I}} := \mathcal{I} \setminus \mathcal{A}$ and $\tilde{\mathcal{J}} := \mathcal{J} \setminus \mathcal{A}$ are introduced. So, the matrices of the fully reduced system on level II read:

$$\tilde{\boldsymbol{f}}^{\text{II}} = \begin{bmatrix} {}^{\tilde{\mathcal{I}}}_{\tilde{\mathcal{I}}}\boldsymbol{D}\,{}_{\tilde{\mathcal{I}}}\boldsymbol{f}^{(k-1)}_{\boldsymbol{p},j} \\ \boldsymbol{V_\delta}^T\boldsymbol{f}^{(k-1)}_{\boldsymbol{\delta},j} \\ f^{(k-1)}_{h_0,j} \end{bmatrix} \in \begin{bmatrix} \mathbb{R}^{|\tilde{\mathcal{I}}|} \\ \mathbb{R}^{\tilde{n}_\delta} \\ \mathbb{R} \end{bmatrix} \quad \text{and} \tag{D.27}$$

$$\tilde{\boldsymbol{J}}^{\text{II}} = \begin{bmatrix} {}^{\tilde{\mathcal{I}}}_{\tilde{\mathcal{I}}}\boldsymbol{D}\,{}^{\tilde{\mathcal{J}}}_{\tilde{\mathcal{I}}}\boldsymbol{J}^{(k-1)}_{\boldsymbol{f_p},j}\,{}_{\tilde{\mathcal{J}}}\boldsymbol{V} \\ \boldsymbol{V_\delta}^{T\,\mathcal{P}}\boldsymbol{J}_{\boldsymbol{f_\delta}}\,{}_{\mathcal{P}}\boldsymbol{V} \\ {}^{\mathcal{P}}\boldsymbol{J}_{f_{h_0}}\,{}_{\mathcal{P}}\boldsymbol{V} \end{bmatrix} \in \begin{bmatrix} \mathbb{R}^{|\tilde{\mathcal{I}}| \times \tilde{n}} \\ \mathbb{R}^{\tilde{n}_\delta \times \tilde{n}} \\ \mathbb{R}^{1 \times \tilde{n}} \end{bmatrix}. \tag{D.28}$$

Due to a change of the pressurized area, the reduced matrices for elasticity and load balance in (D.24) and (D.28) have to be adapted as described in equations (D.21) and (D.22). Again, only matrix evaluations, additions and multiplication of small size $\hat{n}$, $\breve{n}$ and $\tilde{n}$ are necessary. However, the full procedure is much more complicated to implement for the system based on a complementarity problem than for the penalty method based system. However, different mass-conserving cavitation models such as [76] can be treated with this nonlinear complementarity problem framework and could also possibly be reduced by the scheme described above. However, this is not the scope of this work.

Bibliography

[1] Ai, X. and Cheng, H. S. The Effects of Surface Texture on EHL Point Contacts. *ASME, J. of Tribology*, 118:59–66, 1996.

[2] Ai, X. and Cheng, H. A Transient EHL Analysis for Line Contacts with a Measured Surface Roughness using Multigrid Technique. *ASME, J. of Tribology*, 116:549–558, 1994.

[3] Ai, X. and Zheng, L. A General Model for Microelastohydrodynamic Lubrication and Its Full Numerical Solution. *ASME, J. of Tribology*, 111:569–576, 1989.

[4] Ai, X. and Cheng, H. S. The Influence of Moving Dent on Point EHL Contacts. *Tribology Transactions*, 37(2):323–335, 1994.

[5] Ai, X. and Yu, H. A full numerical solution for general transient elastohydrodynamic line contacts and its application. *Wear*, 121(2):143 – 159, 1988. ISSN 0043-1648.

[6] Ai, X., Zheng, L., and Cheng, H. S. A Transient Model for Micro-Elastohydrodynamic Lubrication With Three-Dimensional Irregularities. *ASME, J. of Tribology*, 115:102–110, 1993.

[7] Albunni, M. N. *Model Order Reduction of Moving Nonlinear Electromagnetic Devices*. PhD thesis, Technische Universität München, 2010.

[8] Antoulas, A. C. and Sorensen, D. C. Approximation of large-scale dynamical systems: An overview. Technical report, Int. J. Appl. Math. Comput. Sci, 2001.

[9] Antoulas, A. C. *Approximation of Large-scale Dynamical Systems*. Advances in design and control. Society for Industrial and Applied Mathematics, 2005.

[10] Anuradha, P. and Kumar, P. EHL line contact central and minimum film thickness equations for lubricants with linear piezoviscous behavior. *Tribology International*, 44(10):1257 – 1260, 2011.

[11] Arnoldi, W. E. The Principle of Minimized Iterations in the Solution of the Matrix Eigenvalue Problem. *Quart. Applied Math.*, 9:17–29, 1951.

[12] Astrid, P., Weiland, S., Willcox, K., and Backx, T. Missing point estimation in models described by proper orthogonal decomposition. In *Decision and Control, 2004. CDC. 43rd IEEE Conference on*, volume 2, pages 1767–1772 Vol.2, 2004.

[13] Astrid, P., Weiland, S., Willcox, K., and Backx, T. Missing Point Estimation in Models Described by Proper Orthogonal Decomposition. *IEEE Trans. on Automatic Control*, 53(10):2237–2251, 2008.

[14] Bair, S. A Rough Shear-Thinning Correction for EHD Film Thickness. *Tribology Transactions*, 47(3):361–365, 2004.

[15] Bair, S. Reference liquids for quantitative elastohydrodynamics: selection and rheological characterization. *Tribology Letters*, 22(2):197–206, 2006.

[16] Bair, S., Vergne, P., and Querry, M. A unified shear-thinning treatment of both film thickness and traction in EHD. *Tribology Letters*, 18(2):145–152, 2005.

[17] Barrault, M., Maday, Y., Nguyen, N. C., and Patera, A. T. An "empirical interpolation" method: application to efficient reduced-basis discretization of partial differential equations. *Comptes Rendus Mathematique*, 339(9):667 – 672, 2004.

[18] Barus, C. Isothermal, Isopiestics, and Isometrics Relative to Viscosity. *Am. J. of Science*, 45:87–96, 1893.

[19] Boussinesq, J. *Application des potentiels à l'étude de l'équilibre et du mouvement des solides élastiques.* Gauthier-Villars, 1885.

[20] Boyd, S. P. and Vandenberghe, L. *Convex optimization.* Cambridge Univ. Press, Cambridge, 10. print. edition, 2012. ISBN 978-0-521-83378-3; 0-521-83378-7.

[21] Brandt, A. Multi-Level Adaptive Solutions to Boundary-Value Problems. *Mathematics of Computation*, 31:333–390, 1977.

[22] Brandt, A. and Lubrecht, A. A. Multilevel Matrix Multiplication and Fast Solution of Integral Equations. *J. Comput. Phys.*, 90(2):348–370, 1990.

[23] Carlberg, K., Bou-Mosleh, C., and Farhat, C. Efficient Nonlinear Model Reduction via a Least-Squares Petrov-Galerkin Projection and Compressive Tensor Approximations. *Int. J. Numer. Meth. Engng*, 86(2):155–181, 2011.

[24] Carlberg, K., Farhat, C., Cortial, J., and Amsallem, D. The GNAT method for nonlinear model reduction: Effective implementation and application to computational fluid dynamics and turbulent flows. *J. Comput. Phys.*, 242: 623–647, 2013. ISSN 0021-9991.

[25] Carreau, P. J. Rheological Equations from Molecular Network Theories. *Trans. Soc. Rheol.*, 16(1):99–127, 1972.

[26] Chang, L., Cusano, C., and Conry, T. F. Effects of Lubricant Rheology and Kinematic Conditions on Micro-Elastohydrodynamic Lubrication. *ASME, J. of Tribology*, 111:344–351, 1989.

[27] Chaturantabut, S. *Nonlinear Model Reduction via Discrete Empirical Interpolation.* PhD thesis, Rice University, 2011.

[28] Chaturantabut, S. and Sorensen, D. Discrete Empirical Interpolation for nonlinear model reduction. In *Decision and Control, 2009 held jointly with the 2009 28th Chinese Control Conference. CDC/CCC 2009. Proceedings of the 48th IEEE Conference on*, pages 4316 –4321, 2009.

[29] Chittenden, R. J., Dowson, D., Dunn, J. F., and Taylor, C. M. A Theoretical Analysis of the Isothermal Elastohydrodynamic Lubrication of Concentrated Contacts. I. Direction of Lubricant Entrainment Coincident with the Major Axis of the Hertzian Contact Ellipse. *Proc. Roy. Soc. London. Series A, Math. Phys. Sciences*, 397:245–269, 1985.

[30] Christensen, H. The Oil Film in a Closing Gap. *Proc. Roy. Soc. London. Series A, Math. Phys. Sciences*, 266(1326):312–328, 1962.

[31] Christensen, H. Elastohydrodynamic Theory of Spherical Bodies in Normal Approach. *ASME, J. of Tribology*, 92:145–153, 1970.

[32] Courant, R., Isaacson, E., and Rees, M. On the solution of nonlinear hyperbolic differential equations by finite differences. *Comm. Pure Appl. Math.*, 5(3):243–255, 1952. ISSN 1097-0312.

[33] Dalmaz, G., Chaomleffel, J.-P., and Vergne, P. An exploration of the elastohydrodynamic– hydrodynamic transition through film thickness measurements in rolling point contacts. *Proc. IMechE, Part J: J. of Eng. Tribology*, 223(3):529–540, 2009.

[34] Donea, J., Huerta, A., Ponthot, J.-P., and Rodríguez-Ferran, A. *Arbitrary Lagrangian-Eulerian Methods*, chapter 14, pages 413–437. John Wiley & Sons, Ltd, 2004.

[35] Dong, N. and Roychowdhury, J. Piecewise polynomial nonlinear model reduction. In *Design Automation Conference, 2003. Proceedings*, pages 484–489, 2003.

[36] Doolittle, A. K. Studies in Newtonian Flow. II. The Dependence of the Viscosity of Liquids on Free-Space. *Journal of Applied Physics*, 22(12): 1471–1475, 1951.

[37] Dowson, D. and Higginson, G. R. A Numerical Solution to the Elasto-Hydrodynamic Problem. *Proc. IMechE, Part C: J. of Mech. Eng. Science*, 1:6–15, 1959.

[38] Dowson, D. and Higginson, G. *Elastohydrodynamic lubrication : the fundamentals of roller and gear lubrication.* Pergamon Press, 1966.

[39] Elrod, H. and Adams, M. A computer program for cavitation and starvation problems. *Cavitation and related phenomena in lubrication*, pages 37–41, 1974.

[40] Ertel, A. Hydrodynamic Lubrication Based on New Principles. *Akad. Nauk SSSR, Prikadnaya Mathematica i Mekhanika*, 3:41–52, 1939.

[41] Evans, H. P. and Snidle, R. W. Inverse Solution of Reynolds' Equation of Lubrication Under Point-Contact Elastohydrodynamic Conditions. *ASME, J. Lubr. Technol.*, 103:539–546, 1981.

[42] Facchinei, F. and Pang, J.-S. *Finite dimensional variational inequalities and complementarity problems.* Springer, New York, 2003.

[43] Fedorenko, R. A relaxation method for solving elliptic difference equations. *USSR Computational Mathematics and Mathematical Physics*, 1(4):1092 – 1096, 1962. ISSN 0041-5553.

[44] Flamant, A. Sur la répartition des pressions dans un solide rectangulaire chargé transversalement. *C.R. Acad. Sci.*, 114:1465–1468, 1892.

[45] Félix-Quiñonez, A. and Morales-Espejel, G. E. Film thickness fluctuations in time-varying normal loading of rolling elastohydrodynamically lubricated contacts. *Proc. IMechE, Part C: J. of Mech. Eng. Science*, 224(12):2559–2567, 2010.

[46] Glover, K. All optimal Hankel-norm approximations of linear multivariable systems and their L_∞-error bounds. *Int. J. of Control*, 39:1115–1193, 1984.

[47] Glovnea, R. P. and Spikes, H. A. Behavior of EHD Films During Reversal of Entrainment in Cyclically Accelerated/Decelerated Motion. *Tribology Transactions*, 45(2):177–184, 2002.

[48] Goodyer, C. E. *Adaptive Numerical Methods for Elastohydrodynamic Lubrication.* PhD thesis, University of Leeds, 2001.

[49] Grubin, A. Fundamentals of the Hydrodynamic Theory of Lubrication of Heavily Loaded Cylindrical Surfaces. *Central Scientific Research Institute for Technology and Mechanical Engineering*, 30:115–166, 1949.

[50] Habchi, W. *A Full-System Finite Element Approach to Elastohydrodynamic Lubrication Problems: Application to Ultra-Low-Viscosity Fluids.* PhD thesis, Institut National des Sciences Appliquées de Lyon, 2008.

[51] Habchi, W. Reduced order finite element model for elastohydrodynamic lubrication: Circular contacts. *Tribology International*, 71:98 – 108, 2014.

[52] Habchi, W. and Issa, J. Fast and reduced full-system finite element solution of elastohydrodynamic lubrication problems: Line contacts. *Advances in Engineering Software*, 56(0):51–62, 2013.

[53] Habchi, W., Eyheramendy, D., Vergne, P., and Morales-Espejel, G. A Full-System Approach of the Elastohydrodynamic Line/Point Contact Problem. *ASME, J. of Tribology*, 130(2):021501, 2008.

[54] Hager, C. and Wohlmuth, B. I. Semismooth Newton methods for variational problems with inequality constraints. *GAMM-Mitteilungen*, 33(1): 8–24, 2010.

[55] Hahn, J. and Edgar, T. Reduction of nonlinear models using balancing of empirical gramians and Galerkin projections. In *Proc. American Control Conference*, volume 4, pages 2864–2868, 2000.

[56] Hamrock, B. J. and Dowson, D. Isothermal Elastohydrodynamic Lubrication of Point Contacts, Part I - Theoretical Formulation. *ASME, J. Lubr. Technol.*, 98:223–229, 1976.

[57] Hamrock, B. J. and Dowson, D. Isothermal Elastohydrodynamic Lubrication of Point Contacts, Part III, Fully Flooded Results. *ASME, J. Lubr. Technol.*, 99:264–276, 1977.

[58] Hamrock, B. J. and Jacobson, B. O. Elastohydrodynamic Lubrication of Line Contacts. *ASLE Transactions*, 27(4):275–287, 1984.

[59] Hamrock, B. J., Schmid, S. R., and Jacobson, B. O. *Fundamentals of Fluid Film Lubrication.* Marcel Dekker, Inc., 2nd edition, 2004.

[60] Herrebrugh, K. Elastohydrodynamic Squeeze Films Between Two Cylinders in Normal Approach. *Journal of Lubrication Technology*, 92:292–301, 1970.

[61] Hertz, H. Über die Berührung fester elastischer Körper. *Journal für die reine und angewandte Mathematik*, 92:156–171, 1881.

[62] Hirschfelder, J., Curtiss, C., and Bird, R. *Molecular theory of gases and liquids.* Wiley, New York, 1954. ISBN 9780471400653.

[63] Holmes, P., Lumley, J. L., Berkooz, G., and Rowley, C. W. *Turbulence, Coherent Structures, Dynamical Systems and Symmetry.* Cambridge Monographs on Mechanics. Cambridge University Press, 2012.

[64] Hooke, C. J. The Minimum Film Thickness in Lubricated Line Contacts during a Reversal of Entrainment–General Solution and the Development of a Design Chart. *Proc. IMechE, Part J: J. of Eng. Tribology*, 208(1):53–64, 1994.

[65] Hooke, C. J. Surface roughness modification in elastohydrodynamic line contacts operating in the elastic piezoviscous regime. *Proc. IMechE, Part J: J. of Eng. Tribology*, 212(2):145–162, 1998.

[66] Hooke, C. Dynamic effects in {EHL} contacts. In D. Dowson, G. D. M. Priest and Lubrecht, A., editors, *Tribological Research and Design for Engineering Systems Proceedings of the 29th Leeds-Lyon Symposium on Tribology*, volume 41 of *Tribology Series*, pages 69 – 78. Elsevier, 2003.

[67] Houpert, L. G. and Hamrock, B. J. Fast Approach for Calculating Film Thicknesses and Pressures in Elastohydrodynamically Lubricated Contacts at High Loads. *ASME, J. of Tribology*, 108:411–419, 1986.

[68] Johnson, K. *Contact Mechanics.* Cambridge University Press, 1985.

[69] Koets, O. A Survey of the Isothermal Theory of Elastohydrodynamic Lubrication. Technical report, Delft University Technology Report, 1962.

[70] Lall, S., Marsden, J. E., and Glavaski, S. Empirical model reduction of controlled nonlinear systems. In *Proceedings of the IFAC World Congress*, pages 473–478, 1999.

[71] Lanczos, C. An Iteration Method for the Solution of the Eigenvalue Problem of Linear Differential and Integral Operators. *Journal of the National Bureau of Standards*, 45:255–282, 1950.

[72] Lee, K. M. and Cheng, H. S. The Pressure and Deformation Profiles Between Two Normally Approaching Lubricated Cylinders. *ASME, J. Lubr. Technol.*, 95:308–317, 1973.

[73] Lee, R.-T. and Hamrock, B. J. A Circular Non-Newtonian Fluid Model: Part II–Used in Microelastohydrodynamic Lubrication. *ASME, J. of Tribology*, 112:497–505, 1990.

[74] Lee, R.-T. and Hamrock, B. Squeeze and Entraining Motion in Nonconformal Line Contacts. Part II-Elastohydrodynamic Lubrication. *ASME, J. of Tribology*, 111:8–16, 1989.

[75] LeGresley, P. A. *Application of Proper Orthogonal Decomposition (POD) to Design Decomposition Methods.* PhD thesis, Stanford University, 2006.

[76] Lengiewicz, J., Wichrowski, M., and Stupkiewicz, S. Mixed formulation and finite element treatment of the mass-conserving cavitation model. *Tribology International*, 72(0):143 – 155, 2014.

[77] Liu, J., Chen, Y., He, Z., and Yang, S. A fast compound direct iterative algorithm for solving transient line contact elastohydrodynamic lubrication problems. *Front. Mech. Eng.*, 9(2):156–167, 2014.

[78] Lubrecht, A. A. and Venner, C. H. Elastohydrodynamic lubrication of rough surfaces. *Proc. IMechE, Part J: J. of Eng. Tribology*, 213(5):397–404, 1999.

[79] Lubrecht, A. A., ten Napel, W. E., and Bosma, R. Multigrid, An Alternative Method for Calculating Film Thickness and Pressure Profiles in Elastohydrodynamically Lubricated Line Contacts. *ASME, J. of Tribology*, 108(4): 551–556, 1986.

[80] Lubrecht, A., Graille, D., C.H., V., and Greenwood, J. Waviness Deformation in EHL Line Contacts, under Rolling/Sliding. *ASME, J. of Tribology*, 120:705–709, 1998.

[81] Lubrecht, A. A. *The numerical solution of the elastohydrodynamically lubricated line and point contact problem, using multigrid techniques.* PhD thesis, University of Twente, 1987.

[82] Lumley, J. L. The Structure of Inhomogeneous Turbulent Flows. In Yaglom, A. M. and Tatarski, V. I., editors, *Atmospheric turbulence and radio propagation*, pages 166–178. Nauka, Moscow, 1967.

[83] Messé, S. and Lubrecht, A. Transient elastohydrodynamic analysis of an overhead cam/tappet contact. *Proc. IMechE, Part J: J. of Eng. Tribology*, 214:415–425, 2000.

[84] Moes, H. Optimum similarity analysis with applications to elastohydrodynamic lubrication. *Wear*, 159:57–66, 1992.

[85] Moes, H. and Bosma, R. Design Charts for Optimum Bearing Configuration, I The Full Journal Bearing. *ASME, J. of Tribology*, 93:302–306, 1971.

[86] Morales-Espejel, G. E. Central film thickness in time-varying normal approach of rolling elastohydrodynamically lubricated contacts. *Proc. IMechE, Part C: J. Mech. Eng. Science*, 222:1271–1280, 2008.

[87] Nahvi, S. A., un Nabi, M., and Janardhanan, S. Trajectory piece-wise quasi-linear approximation of large non-linear dynamic systems. *Int. J. Modelling, Identification and Control*, 19:369–377, 2013.

[88] Najji, B., Bou-Said, B., and Berthe, D. New Formulation for Lubrication With Non-Newtonian Fluids. *ASME, J. of Tribology*, 111:29–34, 1989.

[89] Oh, K. P. and Rohde, S. M. Numerical solution of the point contact problem using the finite element method. *Int. J. Numer. Meth. Engng*, 11(10):1507–1518, 1977.

[90] Oh, K. P. Numerical Solution of Dynamically Loaded Elastohydrodynamic Contact as a Nonlinear Complementarity Problem. *ASME, J. of Tribology*, 106(1):88–95, 1984.

[91] Okamura, H. A contribution to the numerical analysis of isothermal elastohydrodynamic lubrication. In *Tribology of Reciprocating Engines, Proceedings of the 9th Leeds-Lyon Symposium on Tribology. Butterworths, Guilford, England*, pages 313–320, 1982.

[92] Patera, A. and Rozza, G. *Reduced Basis Approximation and A Posteriori Error Estimation for Parametrized Partial Differential Equations*. MIT Pappalardo Graduate Monographs in Mechanical Engineering, 2007.

[93] Patir, N. and Cheng, H. S. Application of Average Flow Model to Lubrication Between Rough Sliding Surfaces. *ASME, J. Lubr. Technol.*, 101(2): 220–229, 1979.

[94] Pearson, K. On lines and planes of closest fit to points in space. *Philos. Mag*, 2,:559–572, 1901.

[95] Petrusevich, A. Fundamental Conclusions from the Contact-Hydrodynamic Theory of Lubrication. *Izv. Akad. Nauk SSR. Otd. Tekh. Nauk*, 2:209–233, 1951.

[96] Popovici, G., Venner, C., and Lugt, P. Effects of load system dynamics on the film thickness in EHL contacts during start up. *ASME, J. of Tribology*, 126(2):258–266, 2004.

[97] Rewienski, M. and White, J. A trajectory piecewise-linear approach to model order reduction and fast simulation of nonlinear circuits and micromachined devices. *IEEE Transactions on Computer-Aided Design of Integrated Circuits and Systems*, 22(2):155–170, 2003.

[98] Rewienski, M. J. *A Trajectory Piecewise-Linear Approach to Model Order Reduction of Nonlinear Dynamical Systems.* PhD thesis, Massachusetts Institute of Technology, 2003.

[99] Reynolds, O. On the Theory of Lubrication and Its Application to Mr. Beauchamp Tower's Experiments, Including an Experimental Determination of the Viscosity of Olive Oil. *Phil. Trans. Roy. Soc. London*, 177:157–234, 1886.

[100] Roelands, C. *Correlational Aspects of the Viscosity-Temperature-Pressure Relationship of Lubricating Oils.* PhD thesis, Technical University Delft, 1966.

[101] Rohde, S. M. and Oh, K. P. A Unified Treatment of Thick and Thin Film Elastohydrodynamic Problems by Using Higher Order Element Methods. *Proc. of the Royal Society of London. A. Mathematical and Physical Sciences*, 343(1634):315–331, 1975.

[102] Stephenson, R. R. and Osterle, J. F. A Direct Solution of the Elasto-Hydrodynamic Lubrication Problem. *ASLE Transactions*, 5(2):365–374, 1962.

[103] Stribeck, R. *Die wesentlichen Eigenschaften der Gleit- und Rollenlager.* Mitteilungen über Forschungsarbeiten auf dem Gebiete des Ingenieurwesens. Heft 7. Julius Springer, 1903.

[104] Szeri, A. *Fluid Film Lubrication: Theory and Design.* Cambridge University Press, 2005.

[105] Taylor, C. and O'Callaghan, J. F. A Numerical Solution of the Elastohydrodynamic Lubrication Problem Using Finite Elements. *Proc. IMechE, Part C: J. Mech. Eng. Science*, 14(4):229–237, 1972.

[106] Tiwary, S. K. and Rutenbar, R. A. Scalable Trajectory Methods for On-demand Analog Macromodel Extraction. In *Proceedings of the 42nd Annual Design Automation Conference*, DAC '05, pages 403–408, New York, NY, USA, 2005. ACM. ISBN 1-59593-058-2.

[107] Venner, C. H. and Lubrecht, A. A. Transient Analysis of Surface Features in an EHL Line Contact in the Case of Sliding. *ASME, J. of Tribology*, 116: 186–193, 1994.

[108] Venner, C. H. and Lubrecht, A. A. Numerical Simulation of a Transverse Ridge in a Circular EHL Contact Under Rolling/Sliding. *ASME, J. of Tribology*, 116(4):751–761, 1994.

[109] Venner, C. H. and Lubrecht, A. A. Numerical Analysis of the Influence of Waviness on the Film Thickness of a Circular EHL Contact. *ASME, J. of Tribology*, 118(1):153–161, 1996.

[110] Venner, C. H. and Lubrecht, A. A. *Multilevel methods in lubrication.* Tribology series; 37. Elsevier, Amsterdam, 2000.

[111] Venner, C. H., Lubrecht, A. A., and ten Napel, W. E. Numerical Simulation of the Overrolling of a Surface Feature in an EHL Line Contact. *ASME, J. of Tribology*, 113:777–783, 1991.

[112] Venner, C. *Multilevel Solution of the EHL Line and Point Contact Problems.* PhD thesis, University of Twente, 1991.

[113] Venner, C. and Lubrecht, A. Numerical Simulation of Waviness in A Circular EHL Contact, Under Rolling/Sliding. In *Lubricants and Lubrication - Proceedings of the 21th Leeds-Lyon Symposium on Tribology*, number 30 in Tribology Series, pages 259–272. Elsevier, 1995.

[114] Venner, C. and Morales-Espejel, G. Amplitude reduction of small-amplitude waviness in transient elastohydrodynamically lubricated line contacts. *Proc. IMechE, Part J: J. of Eng. Tribology*, 213(6):487–502, 1999.

[115] Venner, C. and Wijnant, Y. Validation of EHL Contact Predictions under Time Varying Load. *Proc. IMechE, Part J: J. of Eng. Tribology*, 219(4): 249–261, 2005.

[116] Venner, C., Couhier, F., Lubrecht, A., and Greenwood, J. Amplitude Reduction of Waviness in Transient EHL Line Contacts. In *Elastohydrodynamics - '96 Fundamentals and Applications in Lubrication and Traction Proceedings of the 23rd Leeds-Lyon Symposium on Tribology*, volume 32 of *Tribology Series*, pages 103 – 112. Elsevier, 1997.

[117] Volkwein, S. Proper Orthogonal Decomposition: Theory and Reduced-Order Modelling. Lecture Notes, 2013.

[118] Wensing, J. *On the dynamics of ball bearings.* PhD thesis, University of Twente, 1998.

[119] Wiegert, B., Hetzler, H., and Seemann, W. A simplified elastohydrodynamic contact model capturing the nonlinear vibration behaviour. *Tribology International*, 59(0):79 – 89, 2013.

[120] Wijnant, Y. *Contact dynamics in the field of elastohydrodynamic lubrication.* PhD thesis, University of Twente, Enschede, 1998.

[121] Wu, S. A penalty formulation and numerical approximation of the Reynolds-Hertz problem of elastohydrodynamic lubrication. *Int. J. Eng. Sci.*, 24(6): 1001 – 1013, 1986.

FOLIO ADMINISTRATIF

THESE SOUTENUE DEVANT L'INSTITUT NATIONAL DES SCIENCES APPLIQUEES DE LYON

NOM : Maier DATE de SOUTENANCE : 06/02/2015
(avec précision du nom de jeune fille, le cas échéant)

Prénoms : Daniel

TITRE : On the Use of Model Order Reduction Techniques for the Elastohydrodynamic Contact Problem

NATURE : Doctorat Numéro d'ordre : 2015-ISAL-0010

Ecole doctorale : Mécanique, Energétique, Génie civil, Acoustique (MEGA)

Spécialité : Mécanique

RESUME :

Des simulations numériques rapides et précises du contact élastohydrodynamique (EHD) sont recherchées pour aider au développement de produits. L'objectif de cette thèse est de proposer un modèle compact pour le problème du contact EHD en appliquant des méthodes de réduction de modèle. Dans ce but l'équation de Reynolds (non-linéaire), l'équation d'élasticité (linéaire) et l'équilibre de la charge, sont résolus dans un système d'équations unique par la méthode de Newton. La réduction s'effectue par projection sur un sous espace de faible dimension, qui repose sur des solutions du système complet. De plus, une approximation du système est effectuée, dans laquelle les matrices du système réduit sont approximées. Pour le problème du contact EHD stationnaire, un algorithme de génération automatique des modèles compacts est présenté. L'algorithme fournit des modèles réduits stables et rapides sur une région de paramètres définies. La méthode de Newton réduite est également étendue aux fluides non-newtoniens. Les résultats du modèle réduit sont en très bon accord avec ceux du système complet, malgré un temps de calcul clairement plus petit. Par ailleurs, une nouvelle formulation pour le problème de contact EHD transitoire est introduite, dans laquelle la région de calcul est adaptée à la taille du contact. Ceci permet d'obtenir des modèles réduits efficaces, en particulier pour des excitations à grandes amplitudes. Alternativement, la méthode "Trajectory-Piecewise-Linear" (TPWL) est appliquée au problème du contact EHD transitoire. Cette méthode permet une accélération du calcul conséquente.

MOTS-CLES : Lubrification EHD, méthode de réduction de modèle, méthode newtonienne

Laboratoire (s) de recherche : LaMCoS (INSA-Lyon), ITM (Karlsruher Institut für Technologie)

Directeur de thèse: Dr. Philippe VERGNE, Prof. Wolfgang SEEMANN

Président de jury :

Composition du jury :
Prof. Francisco CHINESTA (Rapporteur)
Prof. Martin GABI (Examinateur)
Prof. Wolfgang SEEMANN (Rapporteur)
Dr. Philippe VERGNE (Directeur de thèse)
Prof. Hartmut HETZLER (Examinateur)
Prof. David DUREISEIX (Examinateur)
Dr. Nicolas FILLOT (Examinateur)

KARLSRUHER INSTITUT FÜR TECHNOLOGIE (KIT)
SCHRIFTENREIHE DES INSTITUTS FÜR TECHNISCHE MECHANIK (ITM)

ISSN 1614-3914

Die Bände sind unter www.ksp.kit.edu als PDF frei verfügbar oder als Druckausgabe zu bestellen.

Band 1 **Marcus Simon**
Zur Stabilität dynamischer Systeme mit stochastischer Anregung. 2004
ISBN 3-937300-13-9

Band 2 **Clemens Reitze**
Closed Loop, Entwicklungsplattform für mechatronische Fahrdynamikregelsysteme. 2004
ISBN 3-937300-19-8

Band 3 **Martin Georg Cichon**
Zum Einfluß stochastischer Anregungen auf mechanische Systeme. 2006
ISBN 3-86644-003-0

Band 4 **Rainer Keppler**
Zur Modellierung und Simulation von Mehrkörpersystemen unter Berücksichtigung von Greifkontakt bei Robotern. 2007
ISBN 978-3-86644-092-0

Band 5 **Bernd Waltersberger**
Strukturdynamik mit ein- und zweiseitigen Bindungen aufgrund reibungsbehafteter Kontakte. 2007
ISBN 978-3-86644-153-8

Band 6 **Rüdiger Benz**
Fahrzeugsimulation zur Zuverlässigkeitsabsicherung von karosseriefesten Kfz-Komponenten. 2008
ISBN 978-3-86644-197-2

Band 7 **Pierre Barthels**
Zur Modellierung, dynamischen Simulation und Schwingungsunterdrückung bei nichtglatten, zeitvarianten Balkensystemen. 2008
ISBN 978-3-86644-217-7

KARLSRUHER INSTITUT FÜR TECHNOLOGIE (KIT)
SCHRIFTENREIHE DES INSTITUTS FÜR TECHNISCHE MECHANIK (ITM)

ISSN 1614-3914

Band 8 **Hartmut Hetzler**
Zur Stabilität von Systemen bewegter Kontinua mit Reibkontakten am Beispiel des Bremsenquietschens. 2008
ISBN 978-3-86644-229-0

Band 9 **Frank Dienerowitz**
Der Helixaktor – Zum Konzept eines vorverwundenen Biegeaktors. 2008
ISBN 978-3-86644-232-0

Band 10 **Christian Rudolf**
Piezoelektrische Self-sensing-Aktoren zur Korrektur statischer Verlagerungen. 2008
ISBN 978-3-86644-267-2

Band 11 **Günther Stelzner**
Zur Modellierung und Simulation biomechanischer Mehrkörpersysteme. 2009
ISBN 978-3-86644-340-2

Band 12 **Christian Wetzel**
Zur probabilistischen Betrachtung von Schienen- und Kraftfahrzeugsystemen unter zufälliger Windanregung. 2010
ISBN 978-3-86644-444-7

Band 13 **Wolfgang Stamm**
Modellierung und Simulation von Mehrkörpersystemen mit flächigen Reibkontakten. 2011
ISBN 978-3-86644-605-2

Band 14 **Felix Fritz**
Modellierung von Wälzlagern als generische Maschinenelemente einer Mehrkörpersimulation. 2011
ISBN 978-3-86644-667-0

KARLSRUHER INSTITUT FÜR TECHNOLOGIE (KIT)
SCHRIFTENREIHE DES INSTITUTS FÜR TECHNISCHE MECHANIK (ITM)

ISSN 1614-3914

Band 15 **Aydin Boyaci**
Zum Stabilitäts- und Bifurkationsverhalten hochtouriger Rotoren in Gleitlagern. 2012
ISBN 978-3-86644-780-6

Band 16 **Rugerri Toni Liong**
Application of the cohesive zone model to the analysis of rotors with a transverse crack. 2012
ISBN 978-3-86644-791-2

Band 17 **Ulrich Bittner**
Strukturakustische Optimierung von Axialkolbeneinheiten. Modellbildung, Validierung und Topologieoptimierung. 2013
ISBN 978-3-86644-938-1

Band 18 **Alexander Karmazin**
Time-efficient Simulation of Surface-excited Guided Lamb Wave Propagation in Composites. 2013
ISBN 978-3-86644-935-0

Band 19 **Heike Vogt**
Zum Einfluss von Fahrzeug- und Straßenparametern auf die Ausbildung von Straßenunebenheiten. 2013
ISBN 978-3-7315-0023-0

Band 20 **Laurent Ineichen**
Konzeptvergleich zur Bekämpfung der Torsionsschwingungen im Antriebsstrang eines Kraftfahrzeugs. 2013
ISBN 978-3-7315-0030-8

Band 21 **Sietze van Buuren**
Modeling and simulation of porous journal bearings in multibody systems. 2013
ISBN 978-3-7315-0084-1

KARLSRUHER INSTITUT FÜR TECHNOLOGIE (KIT)
SCHRIFTENREIHE DES INSTITUTS FÜR TECHNISCHE MECHANIK (ITM)

ISSN 1614-3914

Band 22 **Dominik Kern**
Neuartige Drehgelenke für reibungsarme Mechanismen. 2013
ISBN 978-3-7315-0103-9

Band 23 **Nicole Gaus**
Zur Ermittlung eines stochastischen Reibwerts und dessen Einfluss auf reibungserregte Schwingungen. 2013
ISBN 978-3-7315-0118-3

Band 24 **Fabian Bauer**
Optimierung der Energieeffizienz zweibeiniger Roboter durch elastische Kopplungen. 2014
ISBN 978-3-7315-0256-2

Band 25 **Benedikt Wiegert**
Nichtlineare Schwingungen von Systemen mit elastohydrodynamischen Linienkontakten. 2015
ISBN 978-3-7315-0350-7

Band 26 **Arsenty Tikhomolov**
Analytische, numerische und messtechnische Untersuchung der Dynamik von Fahrzeugkupplungen am Beispiel des Trennproblems. 2015
ISBN 978-3-7315-0362-0

Band 27 **Daniel Maier**
On the Use of Model Order Reduction Techniques for the Elastohydrodynamic Contact Problem. 2015
ISBN 978-3-7315-0369-9